마침내 육지에 도착했다!
몸은 물에 젖어 얼음처럼 차가웠지만, 우리는 무사했다.
가진 거라곤 구명대와 물에 빠질 때 입고 있던 옷과
바닷물에 젖어 못 쓰게 된 휴대전화가 전부였다.
쓸 만한 것들이 들어 있던 가방은 모두 잃어버렸다.
그래도 우리 여섯 친구는 살아서 땅에 올라왔다는 사실에
안심하고 기뻐했다. 그리고 바닥에 누운 채 한동안 햇빛을
만끽하면서 숨을 돌리고, 정신을 차리고, 기운을 되찾았다.
우리는 난생처음 목숨을 건 모험을 시작하고 있었다.

독자 친구들에게

언제 어떻게 왜 우리가 이 무인도에 도착했는지는 중요하지 않습니다.
중요한 건 우리가 이 섬에서 살아남았고, 여기서 보낸 몇 주일이
평생 잊지 못할 마법 같은 시간이었다는 사실이죠.

이 책에서 우리는 이 외딴곳에서 원시인처럼 살았던 모험을 소개했습니다.
하지만 우리 체험을 이야기했을 뿐, 어떤 정보를 제공하지는 않았습니다.
물론 살아남고자 이런저런 묘안을 짜냈고, 그 덕을 봤던 건 사실이죠.

망망대해에 떠 있는 이 섬에서 우리는 하루하루를 살았습니다.
자유롭고, 자발적이고, 즉흥적인 삶이었지만, 무거운 책임도 따랐습니다.
어쩔 수 없이 위험한 일도 했고, 평소였다면 하지 않았을 일도 했고,
여러 이유로 하지 않은 일도 있었죠. 그리고 숱한 어려움을 겪었습니다.

우리가 그랬던 것처럼 절박한 상황에 놓이고 싶지 않다면,
어디서든 어떻게든 조난자처럼 살지는 말라고 말하고 싶어요.
거의 맨손으로 불을 피우거나, 동물을 작살로 쏘아 맞히거나,
온몸에 상처를 입거나, 위경련으로 끔찍한 시간을 보내거나,
뙤약볕에 알몸으로 다니는 게 즐거운 일은 아니기 때문이죠.

자, 이제 우리가 살던 섬으로 함께 가보실까요?

마리 톰 이안 모나 막스 팡슈

무인도에서 표류했던 여섯 친구의 모험을 글로 정리한 사람은
자크 반 긴입니다. 그림을 그린 사람은 필립 라보르입니다.
이 자료를 '작업실과 공방 모임'에서 책 형태로 만들었고,
2013년 6월 갈리마르 청소년 출판사에서 출간했습니다.
그리고 2015년 7월 한국의 이숲 출판사에서 번역·출간해
지금 여러분이 손에 들고 계십니다.

On part vivre sur une île déserte written by Jacques Van Geen and illustrated by Philippe Laborde,
ⓒ Gallimard Jeunesse, 2013
Korea translatio rights ⓒ Esoop Publishing, 2015
All rights reserved.
This Korean edition was published by arrangement with Gallimard Jeunesse through Sibylle Agency Co., Seoul.
이 책의 한국어판 저작권은 시빌 에이전시를 통해 저작권자와의 독점계약으로 이숲에 있습니다.
저작권법에 의해 한국 내에서 보호를 받는 저작물이므로 무단전재와 무단복제를 금합니다.

캠핑 서바이벌 | 1판 1쇄 발행일 2015년 7월 15일 | 지은이 필립 라보르·자크 반 긴 | 옮긴이 유진원 | 펴낸이 임왕준 | 편집인 김문영
펴낸곳 이숲 | 등록 2008년 3월 28일 제301-2008-086호 | 주소 서울시 중구 장충단로8가길 2-1 | 전화 2235-5580 | 팩스 6442-5581
Email esoope@naver.com | ISBN 979-11-85967-66-0 03980 ⓒ 이숲, 2015, printed in Korea.

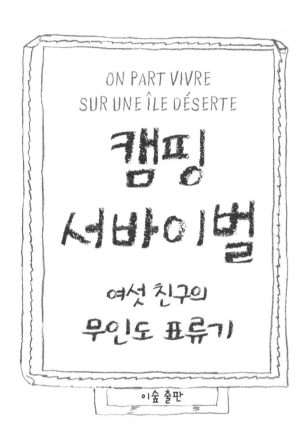

ON PART VIVRE
SUR UNE ÎLE DÉSERTE

캠핑
서바이벌

여섯 친구의
무인도 표류기

이숲 출판

INSTITUT
FRANÇAIS
République de Corée

Liberté • Égalité • Fraternité
RÉPUBLIQUE FRANÇAISE

Cet ouvrage a bénéficié du soutien des Programmes d'aide à la publication de l'Institut français.
이 책은 프랑스문화진흥국의 출판 번역 지원 프로그램의 도움으로 출간되었습니다.

형편없는 사냥, 훌륭한 수확 ⟶ 101

입고 신기 ⟶ 113

몸 챙기기 ⟶ 123

좋은 날씨, 나쁜 날씨 ⟶ 135

줄과 매듭 ⟶ 141

탐사

무엇부터 시작해야 할까? 어디부터 가야 할까? 오후가 끝날 무렵 우리는 같은 곳에서 다시 만나기로 하고, 두 명씩 세 팀으로 나뉘어 섬의 양쪽 해안을 따라 가기로 했다. 우리가 어디 있는지, 어떻게 살아남을지를 가늠해봐야 했다.

몇 시간 뒤 우리는 다시 만났다. 해안 양쪽으로 탐사를 떠난 두 팀이 서로 만난 적이 없으니 섬을 일주한 게 아니었고, 아직 탐사할 지역이 남아 있음이 틀림없었다!

해안은 바위투성이이었고, 남쪽에 바람을 피할 수 있는 작은 만이 몇 개 있다는 걸 알아냈다. 황량한 들판에 잡초가 무성하고 나무가 무리 지어 군데군데 자라는 섬 안쪽은 해안의 넓은 모래밭 쪽으로 완만한 경사를 이루고 있었다.

우리는 여기 소풍 나온 사람들이 아니었다... 바위에서 낚시로 잡을 수 있는 물고기와 식용 조개 같은 생존 수단을 생각하니 해변의 매력은 하찮게 여겨졌다. 따라서 경관이 좋은 곳보다는 생존에 유리한 지점에 자리를 잡아야 했다.

12

이안과 마리가 도착 지점에서 약간 동쪽으로
떨어진 곳에 있는 시내를 발견했다. 기대하지
않았던 수확이었다. 조심하고, 상식대로
행동해야 했지만, 이 친구들은 거기서 실컷
물을 마셨다. 어쨌든 지금까지 탈이 나지
않았으니 생존에 꼭 필요한 식수 문제는
다행히 쉽게 해결한 셈이다. 해변에서
우리는 두 친구가 주운 페트병 두 개에
가득 채워 온 시냇물을 벌컥벌컥 마셨고,
바위 사이에서 채집한 거북손으로 배를 채웠다.
그리고 처음 밤을 보낼 야영지를 서둘러 정했다.
그렇게 하룻밤을 정신없이 잠을 잤으나 모두 기운을
되찾지는 못했다...

다음날, 우리는 이안과
마리를 따라 물이 있는
곳으로 갔다. 남동쪽
좁은 만에서 깊숙이
들어간 곳에서
흐르는 시내는
보통 걸음으로
반 시간 거리에
있었다.

바위를 칼로 잘라낸 것처럼 생긴 작은 계곡 뒤쪽에는
황량한 들판과 내륙의 작은 숲이 있었고, 아래쪽에는
여기저기 갈대숲이 보였다. 모래가 깔린 해변
안쪽으로 더 깊이 들어간 곳에는 굵은 돌들이 널려
있었고, 위쪽에 있는 바위에 파도가 밀려와 산산이
부서졌다. 우리는 필요한 만큼의 시간을 바로 여기서
보내야 한다는 걸 직감으로 알 수 있었다.

자연에서 얻을 수 있는 자원

물, 식량, 동물, 식물... 앞으로 여기서 구한
것으로 먹고 마셔야 했다. 우리는 무인도에서
살아남는 데 모범이 될 만한 로빈슨 크루소
같은 인물이라든가 다른 탐험가들이
확보할 수 없었던 자원을 기대할 수
있다는 사실을 곧 알게 됐다. 매일
밀물과 바람이 쓸 만한 '보물'을 잔뜩
가져다줬기 때문이다. 우리는 바다를
오염하는 공해의 원인이기도 한 쓰레기를
철물, 공구, 도구, 온갖 종류의 재료로
재활용했다.

썰물 때 우리는 해변을 살펴고 다니면서 먼바다에서
떠밀려 온 물건들을 주워 모았다. 자갈밭과 바위틈도
샅샅이 뒤졌다. 나뭇조각, 비닐봉지, 천 조각,
알루미늄 캔, 페트병, 장갑, 신발 등 닥치는
대로, 심지어 홍합이나 불가사리나 해초가
달라붙어 있는 잔해물까지도 모두
주워서 쓰레기 처리장에서 그렇게
하듯이 분류하고 정리했다. 우리에게
그것들은 수명이 다한 폐품이 아니라
이제 제구실을 하게 된 중요한 자원이었다.

도구를 만들다

도구가 필요했다! 톰, 막스, 이안은 구석기시대에나
썼을 법한 도끼와 갈퀴를 만들려고 돌을 다듬고
손잡이를 달려고 무진 애를 썼다. 무인도의
삶에서 예고 없이 부닥치게 될 곤경에서 벗어나는
데 사용할 생각으로 만든 도구였는데, 결과는
보잘것없었지만 어쨌든 큰 부상 없이 잘해냈다.

14

그사이 모나는 구석에 자리를 잡고 앉아 바다에서 떠밀려 온 나무 받침대(팔레트)에서 나무판을 뜯어내 그것으로 뭔가를 열심히 만들었다. 바다 소금기로 머리카락이 뭉친 고개를 숙이고 작업에 열중한 모나는 이 섬, 우리, 우리가 해야 하고 만들어야 하는 모든 것에서 너무도 멀리 있는 것만 같았다.

하지만 반 시간 뒤에 모나는 순진하게도 자기가 만든 나무 칼로 남자아이들을 돕겠다고 나섰다! 무인도에서 살아남으려면 힘 못지않게 상상력이 필요했고, 비록 모자라도 우리 자신의 상상력에 의지하는 수밖에 없었다. 이곳에서는 쓰레기도 못도 뭔가 새로운 걸 만드는 데 쓰는 귀중한 재료였다.

'못 칼', 만능 도구

모나는 나무 받침대를 바위 위에 올려놓고 돌로 부수고, 거기 박혀 있던 쇠못을 빼냈다.

모나는 못을 두드려 납작하게 만든 다음, 한쪽을 돌로 두드려서 작은 칼을 만들었다. 큰 돌을 모루처럼 밑에 깔고 작은 돌을 망치처럼 사용하면 못을 칼처럼 납작하게 펴고 날도 고르게 할 수 있다.

모나는 모루로 쓴 돌의 매끈한 표면에 대고 날을 갈았다.

완성한 못 칼은 날을 자주 갈아야 했지만 충분히 예리했다.

불을 마음대로 쓸 수 있게 되자 작업 속도가 훨씬 빨라졌다. 나무를 태워 재로 만들면 박혀 있던 못을 쉽게 빼낼 수 있었기 때문이다. 게다가 한번 불에 달군 못은 식으면 작업하기가 더 수월했다.

우리는 그저
비바람을 피할 정도의
피신처를 만들려고 했다.
하지만 마음속에선 이미
멋진 집을 짓고 있었다.

마리

살 곳 만들기

첫 번째 야영

며칠간 우리는 처음 도착한 모래밭 위쪽에 임시로
마련한 야영지에서 잤다.
이 경험은 다른 사람의 체온을 고맙게 여기는
계기가 됐다... 다행히 비는 오지 않았다!

자는 동안에 바닷물이 밀려와 야영지 안으로 들어오는 일이 없도록
우리는 마지막 파도가 잔해물과 해초를 버려두고 간 지점에서
멀리 떨어진 곳에 자리를 잡았다. 조수의 폭은 시간이 흐름에 따라
달라졌지만, 하루에 몇십 센티미터를 넘지 않았다.

지난번 밀물

물론 우리는 움푹 팬 곳은 피했다.
맑은 날에는 괜찮고 바람도
막아주지만, 비가 오면 물이
흘러들어와 고이기 때문이었다!

당분간 사용할 잠자리를 만들려면, 모래밭 위쪽에
자리를 잡아야 했다. 그러지 않으면 바람이 강하게
불거나 밀물이 높이 올라올 때 황급히 자리를 옮겨야
하는 일이 생기기 때문이었다.

해변의 경계

지난번 밀물

우리는 바람을 막아줄 비탈 아래에 잠자리를
만들었다. 모두가 몸을 쭉 뻗어도 될 만큼 넓게
구멍을 파고 들어가 통조림통에 든 정어리처럼
서로 바싹 붙어 누웠다.

맨 마지막에 들어오는 두 사람이
천과 비닐 끝을 깔고 양쪽 끝에
눕고, 모두 머리만 내놓고 덮개로
온몸을 감쌌다.
같이 눕기 전에 두 사람은 이
덮개가 날아가지 않게 그 위에
나뭇가지와 풀을 얹어놓았다.

조악한 침구였지만, 날씨가 맑고 몸을
떠는 사람만 없으면 견딜 만했다.

첫 번째 밤의 첫 번째 교훈: 차갑고
축축한 바닥에서 자면, 바람이나 추위,
비를 피해도 아무 소용 없다!

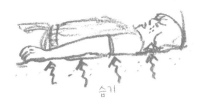

습기

바닥에 건초를 두껍게 까는 건 지붕을 잘 만들고 튼튼한 벽을 세우는
일만큼이나 중요하다. 우리는 바닥에 깔아놓을 고사리, 잡초, 나뭇잎 등을
점점 완벽하게 갖췄다. 날씨가 좋으면 건초 더미를 밖에 내놓고 햇볕과
바람에 말렸고, 날씨가 나빠지면 곧바로 들여놓았다.

19

해변의 동굴은 은신처로 좋지 않다. 춥고, 축축하고, 비가 오면 내벽을 타고 빗물이 흘러내린다. 그리고 동굴 같은 피신처는 대부분 입구나 구멍을 막기 어렵다. 게다가 천장에서 언제 돌덩이가 떨어질지도 모르는 일이다!

우리는 안락한 거처를 만들기에 좋은 장소를 물색했다. 바람을 피할 수 있고, 식수가 가까이 있으며, 구조물을 세울 자재가 있는 데서 멀지 않은 곳이 이상적이었다. 가장 알맞은 부지는 내포 위쪽, 해안에서 20m쯤 들어간 곳이었다.

시냇물 ➡

바로 ✖ 여기!!

우리 집

우리는 땅을 되도록 평평하게 골랐고, 모두 함께
나란히 누워보고 오두막집의 크기를 정했다.
그리고 작업할 면적을 정해서 바닥에 큰 타원을
그렸다.

고랑

20 cm

배수에 필요한 20cm 깊이의 작은
도랑을 파고 그 안을 자갈, 돌멩이,
나뭇조각으로 채웠다. 모두가 힘들여 함께 일했고 보람도 있었다. 이렇게
해놓으면 비가 와도 바닥에 축축하게 물이 배지 않을 것이다.

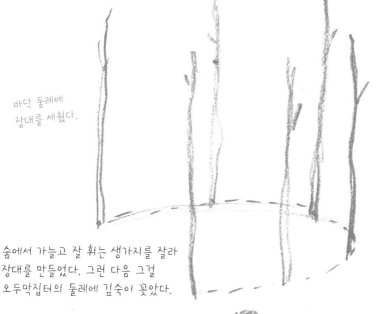

바닥 둘레에
장대를 세웠다.

숲에서 가늘고 잘 휘는 생가지를 잘라
장대를 만들었다. 그런 다음 그걸
오두막집터의 둘레에 깊숙이 꽂았다.

이안은 끝을 뾰족하게 깎은 말뚝을
자갈로 때려 장대를 꽂을 구멍을
미리 파놓았다. 그렇게 하면
작업하기가 훨씬 수월하다!

21

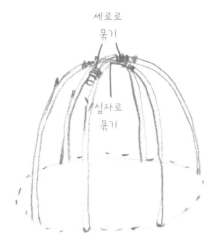

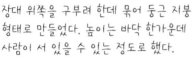

세로로
묶기

십자로
묶기

장대 위쪽을 구부려 한데 묶어 둥근 지붕
형태로 만들었다. 높이는 바닥 한가운데
사람이 서 있을 수 있는 정도로 했다.

그리고 나뭇가지들을 가져다가
장대들을 서로 연결해 묶었다.

나뭇가지는 가늘고 잘 휘는 걸 골라 사용했다. 구하기 쉽고 자르기
쉽고(손으로 부러뜨릴 수도 있다) 두껍고 무겁고 뻣뻣한 나뭇조각보다
사용하기도 편하기 때문이다. 이런 재료를
구하는 데에는 특별한 도구도 필요 없다.
집의 내구성은 재료의 적절한 유연성
(떡갈나무와 갈대는 좋은 재료다)에
달렸다. 마무리 단계에서 집의 골조를
여러 방향으로 흔들어보았지만, 잘
버텼다!

바람이 세게 불면 오두막집이 날아가
버리지 않을까 걱정하던 이안은 밧줄로
땅에 묶어 고정하자고 제안했다.

단단한 바닥에 밧줄 반대 방향으로
비스듬히 말뚝을 박았다. 어떤 곳에는
말뚝을 두세 개 함께 묶어 박았다.

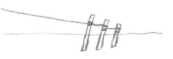

모래밭에서는 말뚝이 단단히
박히지 않기 때문에 구멍에
나뭇조각이나 덤불을 넣고
모래로 덮은 뒤 거기에 말뚝을
박아 밧줄을 고정했다.

22

지붕

비닐봉지, 방수 덮개, 베니어합판, 고무보트 조각, 잡초와 갈대 등 구할 수 있는 건 무엇이든 오두막집 지붕을 덮는 데 사용했다. 물은 아래쪽과 바깥쪽으로 흘러야 한다는 점이 중요하다. 그래서 위쪽에 있는 덮개로 아래쪽에 있는 덮개를 덮어야 한다. 그래서 지붕의 덮개는 늘 아래쪽부터 깔아야 한다!

초가지붕에 얹는 짚처럼 사용하는 갈댓잎은 물이 잘 흐르도록 끝이 아래로 향하게 하고, 뒤집어서 얹어야 한다. 기와를 올릴 때처럼 두툼하게 엮은 갈대잎을 줄을 지어 서로 넉넉하게 겹치게 올려야 한다.

잎을 뒤집어서 묶어놓으면 물줄기가 줄기와 잎을 따라 분산돼 흘러내린다. 이렇게 하지 않으면 굵은 빗방울이 오두막 안쪽으로 떨어질 수 있다.

아래쪽부터 덮개를 덮으면 지붕을 완성하는 데 힘이 든다. 꼭대기까지 손이 닿지 않기 때문이다. 모나는 톰의 어깨에 올라타고 안쪽에서 덮개 사이를 벌려가며 꼭대기에 덮개 덮는 작업을 끝냈다.

23

나무 막대 연결하기

✕ **병렬형 묶기** – 두 개의 막대를 길게 이어 고정할 때 사용한다.

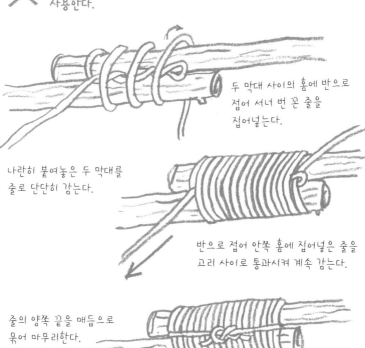

두 막대 사이의 홈에 반으로 접어 서너 번 꼰 줄을 집어넣는다.

나란히 붙여놓은 두 막대를 줄로 단단히 감는다.

반으로 접어 안쪽 홈에 집어넣은 줄을 고리 사이로 통과시켜 계속 감는다.

줄의 양쪽 끝을 매듭으로 묶어 마무리한다.

이렇게 몇십 센티미터 간격으로 두 번 묶어 튼튼하게 고정한다.

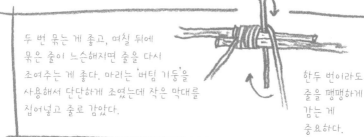

두 번 묶는 게 좋고, 며칠 뒤에 묶은 줄이 느슨해지면 줄을 다시 조여주는 게 좋다. 마리는 '버팀 기둥'을 사용해서 단단하게 조였는데 작은 막대를 집어넣고 줄로 감았다.

한두 번이라도 줄을 팽팽하게 감는 게 중요하다.

✕ 십자형 묶기 – 두 개의 막대를 교차해서 묶을 때 사용한다.

먼저 세로 막대를 감아 매기
(clove hitch) 매듭으로 묶는다.

뒤에 가로 막대를 대고 세로 막대 앞을
지난 줄을 뒤로 돌려 감는다.

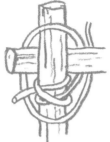

그렇게 서너 번 감고 나서 다시
반대 방향으로 감는다.

이대로는 연결이 느슨하지만,
꽉 묶으면 줄이 미끄러져
풀리는 일이 없다.

줄을 여러 번 감고 나서 감아
매기 매듭으로 묶고 작업을
끝낸다.

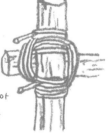

✕ 원추형 천막집에 유용한 세 막대 묶기와 삼각대 묶기

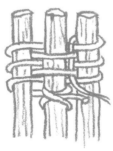

줄을 억지로 단단히 묶을
필요도 없다. 막대 사이가
벌어질수록 줄은 저절로 더
단단히 조여진다.

막대 세 개를 나란히 놓고
가운데 막대를 감아 매기
매듭으로 묶는다.

천을 짜듯이 줄을 순서대로
교차하면서 막대의 위와
아래로 통과시킨다.

25

우리 집에 오신 걸 환영합니다!

벽을 만드는 데에는 비닐 조각들을 쓰기로 했다. 날씨가 좋을 때 쉽게 걷어낼 수 있고, 저녁이 되거나 날씨가 서늘해지면 다시 붙여놓을 수 있기 때문이었다. 오두막 지붕에는 예외적으로 고무보트 조각을 썼다. 안에서 불을 피우면 연기가 빠져나가도록 지붕을 쉽게 걷어낼 수 있어야 한다고 생각했지만, 막스는 불이 잘 붙는 잔가지와 나뭇잎으로 된 이 오두막집 안에서 불을 피워 음식을 만드는 건 너무 위험하다고 했다.

이렇게 완성한 오두막집은 비가 와도 물이 새지 않았고 바람이 안으로 들어오지도 않았다. 우리는 이 집을 아주 좋아했고 멋지다고 생각했다. 자연 한가운데 모아놓은 쓰레기 더미로 만든 오두막집 모습이 비현실적으로 보여서 더욱 마음에 들었다.

동쪽을 향해 두꺼운 대형 비닐봉지를 반으로 잘라 만든 문을 달았다. 그렇게 대부분 서쪽에서 오는 비바람에 등을 돌린 형국이 됐다. 게다가 문을 열어놓고 바라보면 해가 정면에서 떠올랐다!

낮에 햇볕이 들면 집 안의 열기를 견디기
힘들었다. 우리는 사하라 유목민 텐트나
투아레그족 천막에서 그렇게 하듯이 더울
때는 비닐 벽을 아래서부터 둘둘 말아
올려 묶어뒀다. 산들바람이 불어오면 우리
집은 아주 쾌적한 파라솔로 변했다...

고무보트 조각

배수용 고랑

바람 방향이 바뀌면 피워놓은 불을
다른 곳으로 옮겨서 집에 불똥이
튀어 불이 나지 않게 조심했다.

바람   불
연기
오두막

27

이곳은 이제 무인도가 아닙니다

집을 짓고 나자 우리가 함께 있을 장소가 생겼다. 우리가 공동 작업으로
이룬 최초의 성과였다. 그리고 이곳은 새로운 삶이 시작된 장소였다.
우리는 이제 조난자처럼 느껴지지 않고, 함께 이 섬에서 살기 시작했다.
오두막집에서 보낸 첫날 저녁, 우리는 무인도에 불과했던 이 섬의 이름을
짓느라 오랫동안 토론했다.

'오두막'도 좋고 '집'도 좋았다. 각자 부르고 싶은 대로 불렀다. 집이라고 해도
고작 우리가 밤에 서로 바짝 붙어서 간신히 누울 수 있는 정도의 공간이었다.

저녁때마다, 특히 날씨가 나쁘면 좋은 자리를 차지하려고 쟁탈전이 벌어졌다.
한가운데 자리가 가장 잘 말라 있었고 옆에 친구들이 있어 가장 따뜻했다.

우리는 통조림통에 든 정어리처럼 서로
꼭 붙어 있다는 사실을 고맙게 생각했다.
그렇게 있으면 따뜻했다. 하지만 누군가가
몸을 움직이거나 뒤척이거나...

용변을 보러 가려면 친구들을 건드릴
수밖에 없었고, 누군가가 불평하는
소리가 들리면 모두 잠에서 깼다.

RRRRR RRRRR RRRRR RRRRR RRRRR RR

팡슈는 오두막집 생활에 관해 자기 나름대로 생각이
있었다. 사실 그는 이 집에서 살고 싶어 하지 않았다. 그가
최선이라고 생각했던 건 집이 아니었다. 팡슈는 저녁마다 건초
더미에 누워 방수포를 덮고 잤다. 그는 자연 속에서 바다와 바람과
햇빛을 즐길 수 있는데도 전에 집에 있을 때 그랬듯이 별것 아닌
안락함을 누리려고 인생을 복잡하게 만든다고
생각했다. 우리는 오두막집에 같이 있자고
했지만, 그는 고집을 부려
이슬비를 맞으면서도 밖에서
지냈다.

팡슈가 꾸준히 공을
들여 그의 작은 은둔처는
점점 안락해졌고, 악천후에도 편히 쉴 수 있는
장소가 됐다. 저녁 식사가 끝나고 밤을 보내려고 함께 모여 있을 때
우리는 약간 부러워하며 팡슈가 '엄폐호'라고 부르는 자기 은둔처로
돌아가는 뒷모습을 바라보았다. 팡슈는 쓰러진 나무 기둥 옆에 말린
고사리를 잔뜩 깔아놓은 잠자리에 옷을 입은 채 누웠다. 그리고
찢어서 펼친 비닐봉지 두 개를 이불처럼 덮고 잠들었다.

팡슈처럼 다른 세 친구도 집에서 나가 각자 자기
오두막을 지었다.

이안의 삼각형 오두막집. 이안은 나무 받침대
두 개를 서로 기대게 해놓아 안쪽에 터널
같은 공간을 만들고, 그 위를
갈대로 덮었다. 그는 비바람에
노출된 서쪽에서 빗물이
지붕 꼭대기를 통해 안으로
흘러내리지 않도록 갈대를
받침대보다 더 높이 세웠다.

마리의 나뭇가지 아래 오두막집. 마리는 실편백 나무 약 2m 높이에서
수평으로 뻗어 나온 굵은 가지를 이용했다. 양쪽에 나뭇가지들을
기대놓고 그 아래 공간을 만들었다.

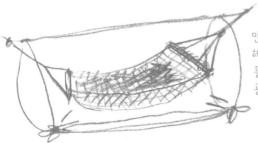

모나의 해먹. 모나는 그물 조각으로
만든 해먹 바닥에 건초를 깔았다.
해먹은 모래밭에서 주운 주황색
플라스틱 망을 사용했는데, 전에
공사장에서 경계를 표시하는 데 쓰던
물건 같았다.

모나는 해먹의 양쪽
끝 그물코에 줄을
묶어 매달았다.

해먹을 평평하게
유지하기 위해 양쪽
끝 그물코 사이로 나무
막대를 집어넣었다.

해먹

방수포 조각, 목욕 타올, 천, 그물 조각만 있으면 해먹을 만들 수 있다.

시트 매듭

모나는 치수가 딱 맞는 '진짜' 그물을 고생하면서 만들어야 할 필요가 없다는 사실을 입증했다. 실제로 해먹에 적당한 면적을 할애하고 양쪽 끝을 튼튼한 줄로 묶으면 된다. 마치 시트를 매듭지어 묶듯이 하면 된다. 하지만 해먹을 만들 때는 조심해서 신중하게 준비하는 게 좋다.

천을 사용한다면 부드러운 쪽에 몸이 닿게 하고, 천의 결을 살펴서 쉽게 찢어지지 않게 세로 방향으로 잘라 사용한다. 그리고 좋은 건초를 깔아야 하는데(매우 중요하다!) 모나는 건초가 빠져나가지 않게 해먹 바닥에 방수포 조각으로 덮고 나서 단단히 묶었다.

날씨가 좋을 때는 통풍이 잘되는 텐트처럼 사용한다. 큰 돌로 지지대를 눌러놓는다.

날씨가 나쁠 때는 모나처럼 해먹에 건초를 깔아 사용한다.

그렇게 우리 야영지는 작은 마을이 됐고, 우리는 공동으로 사용하는 집과 불 근처에 모여 지냈다.

31

무인도의 등대

어떤 지도에도 나와 있지 않지만, 우리의 토템인 이 등대는 분명히 눈에
띌 것이다! 우리는 가까운 바다를 지나가는 배를 향해 보내는 조난
신호처럼 작은 만 위에 '등대'를 세웠다. 우리 존재를 항해사들에게 알리기
위해서였다!

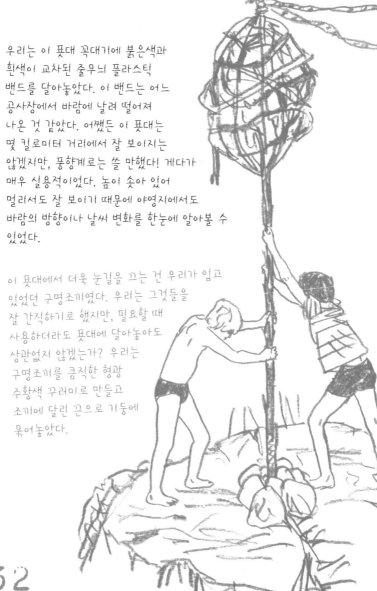

우리는 이 푯대 꼭대기에 붉은색과
흰색이 교차된 줄무늬 플라스틱
밴드를 달아놓았다. 이 밴드는 어느
공사장에서 바람에 날려 떨어져
나온 것 같았다. 어쨌든 이 푯대는
몇 킬로미터 거리에서 잘 보이지는
않겠지만, 풍향계로는 쓸 만했다! 게다가
매우 실용적이었다. 높이 솟아 있어
멀리서도 잘 보이기 때문에 야영지에서도
바람의 방향이나 날씨 변화를 한눈에 알아볼 수
있었다.

이 푯대에서 더욱 눈길을 끄는 건 우리가 입고
있었던 구명조끼였다. 우리는 그것들을
잘 간직하기로 했지만, 필요할 때
사용하더라도 푯대에 달아놓아도
상관없지 않겠는가? 우리는
구명조끼를 큼직한 형광
주황색 꾸러미로 만들고
조끼에 달린 끈으로 기둥에
묶어놓았다.

32

뜻밖에 발견한 커다란 플라스틱 풍선들도 풋대에 매달았다. 형광 분홍색과 흰색이 눈에 잘 띄었다. 아마도 그물에 매다는 부표였거나 배에서 쓰는 장식물인 듯했다. 풋대 주변에는 비닐봉지를 잘라 만든 작은 깃발도 깃대에 달아 여러 개 세워놓았다.

구조 요청
메시지

이안은 불에 달군 쇠로 플라스틱 조각에 구조 요청 메시지를 새기고 그걸 둘둘 말아 페트병에 넣었다.

구조 요청 돛단배

이안과 모나는 병에 넣어 바다에 던진 구조 요청 메시지를 누군가가 읽을 가능성은 거의 없다고 판단했다. 병이 둥둥 떠다니다 어디로 밀려갈지 알 수 없었기 때문이다. 게다가 설령 누가 병을 줍는다 해도 쓰레기통에 던져버릴 게 뻔했다!

그래서 두 사람은 빈 병 두 개를 이어 붙여 작은 뗏목을 만들고, 거기에 돛을 달았다. 이 돛단배가 균형을 유지하도록 추도 달았다. 그리고 세척제 용기를 잘라 만든 닻에 SOS라는 신호도 새겼다. 동풍에 실려 돛단배는 메시지를 전하러 떠났고, 어쩌면 사람들의 눈길을 끌지도 몰랐다!

33

애들아, 난 어젯밤에도
성냥갑이 생기는 꿈을 꾸었어.

이안

불 피우기

드디어 우리의 일곱 번째 친구를 소개할 때가 됐다. 이 친구는 우리와 함께 생활했고, 온종일 우리에게 꼭 필요한 도움을 줬으며, 요리도 했다. 우리는 함께 식사했고, 저녁때 이 친구를 둘러싸고 앉아 함께 대화하고 노래도 했다. 소중한 친구였지만, 까다롭고 엄청난 먹보였다. 매일 우리는 이 친구한테 먹을 걸 주고 비위를 맞추느라 애썼으며, 특히 밤에는 세심하게 주의를 기울였다. 이 친구의 이름은 '불'이다.

불과 함께하는 기쁨

불조심!

불을 사용하다 자칫하면 섬 전체를 태울 위험이 있어 우리는 불 때문에 일어날 수 있는 문제나 사고를 늘 염두에 뒀다. 대부분 인적 없는 장소에서 그렇듯이 야산에서 불을 피우지 못하게 하는 데에는 그만한 이유가 있다.

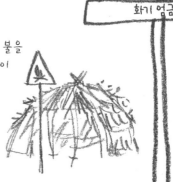

주변에서 불에 탈 위험이 있는 건 어떤 걸까? 숲? 바람 부는 쪽을 향하고 있는 우리 오두막집? 친구들의 건초 침대?

우리는 주변을 정리하고 땔감을 비축해놓은 곳에서 조금 떨어져서 불을 피웠다. 물론 불이 붙을 만한 것들이 있는 곳도 피했다.

화기 엄금

조리할 때, 몸을 덥힐 때, 물을 끓일 때, 필요할 때마다 우리는 불을 사용했다. 더구나 캄캄한 밤에 불은 우리에게 남은 유일한 빛이었다. 그래서 우리는 야영지 바로 옆에서 불을 피웠다.

바람의 방향

우리는 바람이 불어오는 쪽에 있는 바위 뒤에 구덩이를 깊게 파고 거기에 불을 피웠다.

그리고 구덩이 주위에 돌멩이들을 올려놓아서 바람으로부터 불을 막아줬다. 그 돌멩이들 위에 데우거나 구울 것들을 올려놓을 수도 있었다.

불길을 너무 크게 키울 필요는 없었다. 오히려 작게 피운 불이 더 잘 살아남았고, 이용하기에도 편했다. 그리고 땔감도 훨씬 덜 들었다.

불이 타려면 산소가 필요하고 적당히 바람이 불어야 하지만, 너무 세게 불면 불을 붙이기 어렵다. 일단 불이 붙으면 바람이 열기를 퍼뜨려 불길이 일어난다. 바람이 불면 땔감이 덜 소모되고, 열도 더 얻을 수 있다! 그래서 우리는 이런저런 문제를 생각했다. 바람은 주로 어느 방향에서 부는가? 언제 어느 쪽에서 바람이 세게 불어오는가? 연기와 재는 어느 쪽으로 날아가는가?

"바람이 부는 방향은 북쪽도, 동쪽도, 서쪽도 아니었어. 언제나 내가 있는 쪽으로 불었어."

땔감 구하기

거의 초인적인 노력의 대가로 우리는 불을 피우는 데 성공했다. 하지만 마른 나뭇가지를 구하러 뛰어다니는 사이에 불이 꺼지면, 힘들여 잡은 조개를 날로 먹어야 했다! 갑자기 땔감을 구하러 쫓아다니는 노동을 하기 싫다면, 불을 피우고 살리는 데 필요한 것들을 미리 준비해둬야 한다.

잘 마른 풀 한두 줌만 있으면 불을 피울 수 있다. 우리는 날씨가 나빠졌을 때 불쏘시개로 쓰려고 비와 습기를 피해 잘 보관해뒀던 마른 풀로 불을 피웠다.

불쏘시개는 쉽게 구할 수 있다. 바싹 말린 이끼류 식물, 종이처럼 얇은 자작나무 껍질, 나무에서 긁어낸 지저깨비, 나무껍질 부스러기, 갈대 껍질, 작게 조각낸 잔가지 등.

그리고 나뭇가지들이 필요하다. 물론 불이 잘 붙지 않는 생나무는 불쏘시개로 쓸 수 없다. 죽은 나무도 반드시 잘 마른 상태는 아니므로 불을 피우기에는 적합하지 않다. 잔가지들이 없을 때는 굵은 나무를 쪼개서 쓰면 되고, 연장이 없다면 쉽지는 않겠지만 직접 만들 수 있다.

나무 쪼개기: 한 손에 날을 쥐고 다른 손에 나무 막대를 들고 날을 내리쳐서 나무를 쪼갠다. 이런 도구를 이용해서 나무 받침대에서 뜯어낸 길쭉한 나무판을 성냥개비처럼 가는 조각들로 만들 수 있다. 물론 특별한 도구 없이 굵은 통나무를 쪼개기는 어렵다.

불은 가늘고, 표면이 거칠고, 잘 마른 나뭇조각에 가장 잘 붙는다. 그러나 나무껍질은 불이 잘 붙지 않으므로 쪼개거나 부숴야 한다. 일단 불이 붙어 타오르면 거기에 두꺼운 통나무를 올려놓아도 잘 탄다. 속이 잘 말랐다면 젖은 통나무에도 불이 옮겨붙는다.

바다에 떠다니던 나무에는 소금기가 배어 있어서 불이 잘 붙지 않는다. 이런 나무는 불이 활활 타올랐을 때 사용한다.

유용한 정보: 나뭇조각을 바위 위에 올려놓고 큰 돌로 잘게 부순다. 그러면 불에 아주 잘 타는 훌륭한 땔감을 얻을 수 있다. 표면이 젖어 있어도 나무 속은 말라 있다. 비가 올 때 땔감을 만드는 방법은 이것밖에 없다.

우리는 통나무를 일정한 길이로 자르고 패서 장작처럼 보기 좋게 쌓아둘 엄두를 내지 못했다. 왜냐면 톱이 없었기 때문이다. 부러뜨릴 수 있는 나무는 부러뜨려서 모닥불에 올려놓았고, 큰 나뭇가지와 통나무 역시 그대로 올려놓았다. 타오르는 불은 그것들을 스스로 부러뜨리고 잘랐다. 이런 작업을 하느라 때로 고생했지만, 야영지까지 끌고 온 나무들은 불에 잘 탔다!

부싯깃

활엽수 둥치에는 소의 혀처럼 생긴 소혀버섯이 자란다. 이 버섯의 껍질은 말라 있고 단단하지만, 안쪽 살은 부드럽다. 이 버섯을 불에 올려놓으면 불꽃도 없이 오랫동안 잘 탄다. 게다가 잉걸불이나 불씨만 닿아도 불이 잘 붙는다. 이런 것들을 잘게 찢어 만든 부싯깃은 불을 지피거나 되살리거나 옮길 때 매우 쓸모 있다.

모나는 이런 기생식물을 꾸준히 채집했고, 우리는 이걸 비닐에 싸서 잘 보관했다. 놀라운 일이지만, 이 부싯깃은 오히려 말랐을 때 쓸모가 줄어든다. 바싹 마르면 딱딱해지고, 불꽃만 튀기면서 불이 잘 붙지 않고, 제대로 타지도 않는다.

운 좋게 발화석(라이터 돌)과 줄날 바퀴가 달린 라이터를 가지고 있다면 가스나 오일이 없어도 라이터 불꽃을 이용해서 쉽게 부싯깃에 불을 붙일 수 있다.

우리한테도 파도에 밀려 온 라이터가 있었지만, 전혀 쓸모없는 상태였다. 철분이 많은 바위가 있다면 돌멩이로 쳐서 불똥이 튀게 하고 부싯깃에 불을 붙일 수 있겠지만, 아쉽게도 이 섬에서는 그런 바위를 찾아볼 수 없었다. 우리는 조약돌 두 개를 서로 맞부딪치게 해서 불똥이 튀게 하려고 애썼지만, 전혀 소용없었다.

줄날 바퀴

발화석

불의 일생

불 피우는 자리가 습하면 불이 잘 붙지 않는다. 마리는 마른 모래밭을 골라 땅을 팠고, 막스는 나무껍질을 가져다가 그 구덩이 바닥에 깔았다.

처음 불을 붙일 때 바람이 불거나 비가 온다면 바람막이나 천막 등 보호하는 장치가 필요할 수도 있다. 하지만 일단 불이 붙으면 쉽사리 꺼지지 않는다.

불을 살리려면, 특히 초반에는 땔감을 넣기만 하는 것으로는 부족하다. 공기가 통하게 해야 한다. 따라서 나무를 아무렇게나 쌓아서는 안 된다. 항상 공기가 통하도록, 불꽃이 나뭇조각 사이로 지나갈 수 있게 해야 한다. 적어도 나뭇조각 세 개 정도는 피라미드식으로 쌓아야 한다. 그렇게만 해도 불은 잘 탄다.

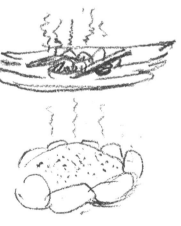

다른 곳에서 불을 피우거나 바람을 더 잘 막아주는 곳으로 불을 옮기려면 먼저 나무껍질을 깔고 그 위에 아직 불이 살아 있는 숯을 올려놓는다. 그러면 어렵지 않게 불을 피울 수 있다.

매일 저녁 불씨를 보존해야 한다. 그렇게 하면 며칠 동안 비가 내려도 불을 되살릴 수 있다. 다시 불을 지피려면 불씨가 남아 있는 숯을 파내기만 하면 된다.

불을 붙일 생각만 하지 말고 불을 끄는 데에도 신경 써야 한다. 불을 흙으로 덮어서 끄는 것만으로는 충분하지 않다. 물을 충분히 떠다가 부어서 불이 완전히 꺼지도록 해야 한다. 그러지 않으면 불씨는 계속 살아 있다.

41

보우드릴로 불 피우기

조심해야 한다... '보우드릴(bow drill)'이라는 도구는 잘 사용하면 제대로 작동하지만, 우리처럼 평범한 사람들이 연습하지 않고 사용하기는 정말 어렵다. 원리는 모험 영화에서 흔히 볼 수 있듯이 간단하다. 나무의 양쪽 끝을 맞대고 마찰시켜 그 열을 이용하는 것이다.

영화에서는 주인공이 나무판에 대고 나무 막대를 빙빙 돌려 불을 피우지만, 솔직히 말해 우리는 그렇게 해서 성공하지 못했다. 손바닥에 물집이 잡히도록 쉬지 않고 막대를 돌렸지만, 불은 피지 않았다.

원시인

나무 막대 끝이 닿는 부분을 아주 뜨겁게 가열하려면 평평한 나무판이나 나뭇조각에 대고 막대를 아주 빠르게, 힘을 주면서 계속 회전시켜야 한다. 이안은 전에 자연사 박물관에 갔을 때 전시물에서 본 적 있는 원시인들의 불 피우는 방법에서 영감을 얻었다.

재료

이안은 준비한 나무판의 가장자리에서 몇 센티미터 떨어진 지점에 몇 밀리미터 깊이로 구멍을 팠고, 그 구멍에서부터 판자의 한쪽 면 끝까지 작은 홈을 새겼다.

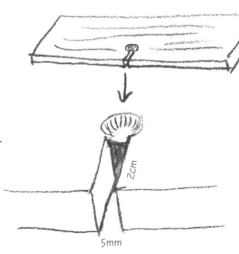

2cm

5mm

마찰 과정에서 생긴 뜨겁고 미세한
나무 지저깨비가 이 작은 틈으로
떨어진다. 지저깨비에 붙은 불이
꺼지지 않게 하려면 약간의 환기가
필요하다. 또한, 나무판이 타지 않게
주의해야 한다.

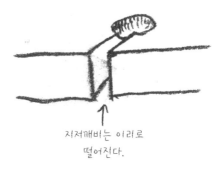

지저깨비는 이리로
떨어진다.

막대의 길이는 20~30cm가 적당하다. 나무판의 홈에 대고 돌릴 때 균형을 잡을
수 있게 곧은 막대가 필요하다. 위쪽 끝은 뾰족하게 깎고 아래쪽 끝은 둥글게
다듬는다.

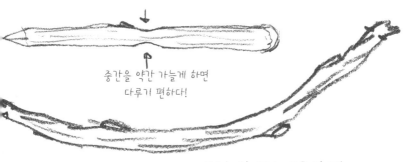

중간을 약간 가늘게 하면
다루기 편하다!

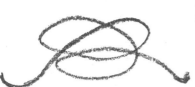

보우는 길이가 1m 조금 안 되는
단단한 나뭇가지를 사용한다.

초심! 이곳이
뜨거워진다!

줄은 혹독한 시련을 거치게 된다. 이상적인
줄은 두꺼운 낚싯줄이나 농사지을 때 쓰는
질긴 끈 같은 것들이다.

막대를 눌러 지탱하는 데에는
조개껍데기나 사금파리, 혹은 홈이 있는
돌을 사용한다. 세게 마찰시켜야 한다는
점을 잊지 말자. 단단히 잡아야 하지만,
손바닥을 조개껍데기에 딱 붙여서는 안
된다. 왜냐면 막대 끝에 닿는 부분이 매우
뜨거워지기 때문이다.

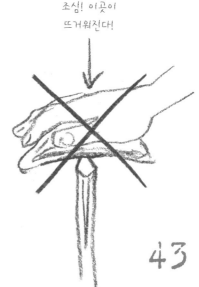

43

막대에 줄을 감는 두 가지 방식

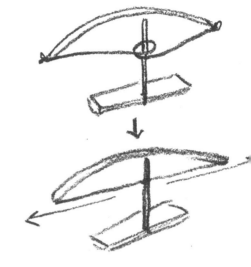

구석기시대 방식

활처럼 휜 보우에 묶은
줄을 막대에 한 번 감는다
(낚싯줄처럼 미끄러운
줄이라면 두 번 감는다).

장점: 긴 줄이 필요 없다.
단점: 줄이 막대와 심하게
마찰하므로 자주 끊어진다.

불편한 점: 줄이 팽팽해서 막대가 위아래로 쉽게 흔들린다. 줄이 두꺼우면
왕복 운동을 할 때마다 위아래로 심하게 움직인다. 따라서 조작하기가
그리 간단하지 않다. 이런 이유로 막대를 돌에 문질러 허리가 잘록하게
만드는 편이 좋다.

이집트 방식

길이가 활보다 두 배 이상 긴 줄의 양쪽 끝을 막대 위와
아래에 감는다. 막대가 중심을 잡도록 줄을 고정하고 거의
팽팽해질 때까지 매듭 위에서 아래로 감는다. 활이 왕복할
때마다 줄은 한쪽 끝에서 다른 쪽 끝으로 감긴다.

감아 매기
매듭

이제 시작이다!

혼자보다는 둘이 잡고 작업하는 편이 낫다. 힘이 더 센 사람이 활을 조작하고 다른 사람이 조개껍데기로 막대를 누르며 잡는다. 나무판을 발이나 무릎으로 눌러 움직이지 않게 고정한다.

활을 좌우로, 시작할 때는 천천히, 그다음에는 점점 빠르게 움직인다(처음에는 약간 굵은 지저깨비가 생기면서 점점 뜨거워진다).

나무판 아래에 나무껍질이나 나뭇잎을 깔아둔다. 그러면 약한 불씨를 거둘 수 있다.

연기가 피어난다고 해서 조작을 멈춰선 안 된다. 점점 세게, 더 빠르게 나무판이 뚫어질세라 계속해서 막대를 돌린다(하지만 막대 아래에 생기는 지저깨비를 짓뭉개면 안 된다). 그러면 그은 지저깨비에 드디어 붉은 점처럼 불씨가 피어난다.

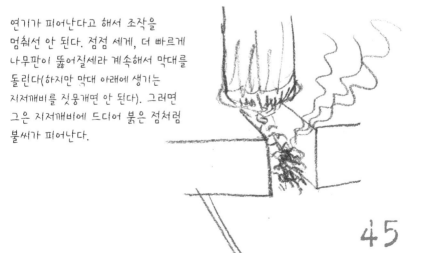

45

수백 번의 시도와 위기와 실패를 딛고
우리는 드디어 불을 피우는 데 성공했다.
정말로 우리가 해낸 것이다!

작업을 멈추자마자 우리는 곧바로 나무판을
치웠다. 잉걸불이 바람에 날아가 흩어져서는
안 되지만 공기가 통해야 한다. 우리는 불을
살리려고 잉걸불에 대고 조심스럽게 입김을
불었다.

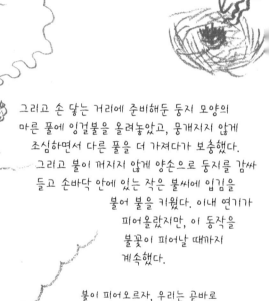

그리고 손 닿는 거리에 준비해둔 둥지 모양의
마른 풀에 잉걸불을 올려놓았고, 뭉개지지 않게
조심하면서 다른 풀을 더 가져다가 보충했다.
그리고 불이 꺼지지 않게 양손으로 둥지를 감싸
들고 손바닥 안에 있는 작은 불씨에 입김을
불어 불을 키웠다. 이내 연기가
피어올랐지만, 이 동작을
불꽃이 피어날 때까지
계속했다.

불이 피어오르자, 우리는 곧바로
불붙은 둥지를 불 피울 자리에
내려놓았다. 처음에는 잔가지들을
올려놓았고, 차츰 더 굵은 가지들을
넣어서 불을 키웠다.

이렇게 고생하면서 불을
피우는 일이 다시 없도록
우리는 피워놓은 불을
절대 꺼뜨리지 않겠다고
다짐했다.

불꽃이 유령과 야생동물들을 쫓아버린 것 같았다.
우리는 처음으로 밤샘하며 지핀 불에서 피어올라
별을 향해 올라가는 연기를 느긋이 바라보았다.
두려움과 고통과 그동안 쌓였던 피로가
함께 날아가 버리는 것만 같았다.

햇빛으로 피운 불

돋보기로 햇빛을 한 점에 모아 불을 피우는 것도 모험 영화에서 흔히 볼 수 있는 장면이다. 하지만 돋보기가 해변에 굴러다니지는 않는다!

우리는 유리 조각으로 불 피우기를 시도해보았다. 땅에 떨어진 깨진 유리병 조각이 햇빛을 받아 숲에 불을 낼지도 모르지 않는가? 실제로 그런 일이 일어날 수 있을까? 하지만 우리가 아무리 시도해봐도 유리 조각으로 불을 피울 수는 없었다.

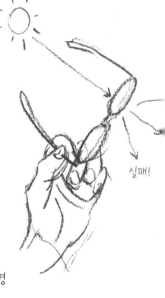

실패!

우리는 이안의 안경으로도 같은 시도를 해보았지만, 이안의 안경은 돋보기가 아니었기에 아무 소득도 없었다. 이안은 근시였고, 근시용 안경은 햇빛을 한 점으로 모으기는커녕 분산시켰다. 이 안경 렌즈는 사물을 더 크게 보이게 하는 게 아니라 더 작게 보이게 했다. 이안은 원시안을 위한 안경이 있다면 돋보기처럼 사용해서 불을 피울 수 있으리라고 말했지만, 그러려면 성능 좋은 렌즈, 노인들이 착용하는 그런 돋보기안경 렌즈가 필요할 것이다.

우리는 예상 밖의 기발한 아이디어를 떠올렸는데, 바로 돋보기 대신 오목 거울을 사용하자는 것이었다. 우리는 섬에서 오목 거울로 쓸 재료 몇 개를 구할 수 있었다. 이안은 버려진 캠핑용 부탄가스통을 해변에서 주워 사용했다. 에어로졸 통 밑면이나 알루미늄 캔 밑면으로도 불을 붙일 수 있다.

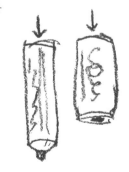

이안이 사용한 연료통은 다른 깡통보다 표면이 넓어서 햇빛을 더 많이 모은다는 장점이 있었다.

아침에 불 피운 자리에서 거둔 곱디고운
재를 물에 타서 만든 반죽으로 오랫동안
연료통 밑면을 닦아서 거울처럼 만들었다.
되도록 가볍고 고운 재를 사용하는 게
좋으며 모래 알갱이가 하나도 섞이지 않게
주의해야 한다. 그러지 않으면 긁힌 자국이
생겨 햇빛이 다른 방향으로 흩어진다. 참을성
있게 꾸준히 연료통 바닥을 윤이 날 때까지
문지르고 또 문질러야 한다!

햇빛이 쨍쨍 내리쬘 때 연료통
바닥을 해 쪽으로 향하게 하고
부싯깃이나 마른 풀을 햇빛이 모이는
지점에 가져다 댄다. 눈이 부실 정도로 빛이 모이면서 매우 뜨거워진다
(손가락에 화상을 입을 정도다).

좋은 거울과 작열하는 태양과 부싯깃이 있다면 어렵지 않게 불을 피울 수 있다.
물론 불이 필요하다고 해서 늘 맑은 날씨에 뜨거운 햇볕이 준비돼 있지는 않을
것이다. 하지만 지나치게 고생하지 않고 불을 얻는 기술이 있다는 건 멋진 일이
아닌가? 다시 한 번 말하지만, 아궁이에 처음 불을 지피고 다시 불을 피울
일이 없도록 불을 잘 보존하는 게 가장 중요하다.

49

내가 갈매기라면
이토록 케밥이 먹고 싶진 않을 텐데.
마요네즈도 먹고 싶다.

팡슈

채취하기

갯벌은 우리의 식품 저장고

바닷가에서 삶의 리듬은 조수의 주기에 맞춰진다. 바닷물이 빠지면 좋은 먹을거리가 풍성한 '갯벌'이라는 또 하나의 세상이 열린다. 이 '식품 저장고'가 개방되면 우리는 먹을 수 있는 것들을 모두 찾아내기 위해 갯벌로 나가 바위를 긁고 모래밭을 뒤졌다. 바닷물이 밀려오면 물고기를 낚거나 조난자가 해야 할 다른 일들에도 집중했다.

바위틈

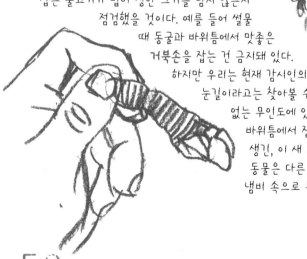

평소 같으면 낚시가 허가된 기간인지 확인하고, 잡은 물고기가 법이 정한 크기를 넘지 않는지 점검했을 것이다. 예를 들어 썰물 때 동굴과 바위틈에서 맛좋은 거북손을 잡는 건 금지돼 있다. 하지만 우리는 현재 감시인의 눈길이라고는 찾아볼 수 없는 무인도에 있었다. 바위틈에서 잡은 외계 생물처럼 생긴, 이 새 부리 모양의 기묘한 동물은 다른 수확물들과 함께 냄비 속으로 들어갔다!

52

삿갓조개

아침에 삿갓조개, 점심에 삿갓조개, 저녁에 삿갓조개...
날로 먹고 삶아 먹고 구워 먹고 끓여 먹고 온갖
소스에 찍어 먹었던, 중국인들이 쓰는 챙 넓은
모자를 닮은 이 조개는 우리의 무인도 생활
초반에 늘 먹던 주식이었다.

우리가 잡으려 한다는 걸 눈치채면 삿갓조개는
재빨리 바위에 달라붙었는데, 그걸 손으로 떼어내기는
거의 불가능했다. 행동이 민첩한 팡슈는 돌멩이로
조개껍데기를 깨버렸다. 그렇게 껍데기를 제거하고
나서 알맹이를 꺼냈다.

삿갓조개에서 무엇보다 먹을 만한 부위는 '발'인데
이건 이 작은 생물의 둥글고 단단한 근육이다. 깊숙이
있는 내장은 버린다. 조개의 발은 바위에 올려놓고
조약돌이나 나무 막대로 때려서 연하게 만든다.

조개를 바위에서 떼어낼 때는 껍데기
밑으로 칼을 집어넣어 떼어내는 방법이
효과적이다. 그러면 빨판처럼 사용되는
굵은 근육이 쉽게 떨어진다.

마리가 주운 운동화는 신고 걷기에
헐렁했지만, 삿갓조개를 떼어내는 데에는
매우 효과적이었다.

마리에게는 자신만의
기술이 있었다. 그녀는
삿갓조개를 발로
차서 떼어냈다.

우물쭈물하지 않고
단번에 강하고 정확하게
조개를 차서 떼어낼
수만 있다면, 이건 매우
간단하고 효과적인
방법이다.

홍합

오늘 오후, 우리가 분주하게 홍합을 떼어내고 족사, 다시 말해 홍합이 바위에 달라붙게 해주는 단단한 섬유 다발을 잘라내는 동안 톰은 숲에서 주운 솔잎을 한 아름 가지고 나타났다...

톰은 바위에 15cm 정도 두께로 솔잎을 깔고 거기에 굵은 홍합들을 올린 다음 불을 붙였다.

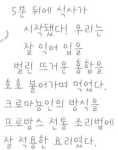

5분 뒤에 식사가 시작됐다! 우리는 잘 익어 입을 벌린 뜨거운 홍합을 호호 불어가며 먹었다. 크로마뇽인의 방식을 프로방스 전통 조리법에 잘 적용한 요리였다.

굴을 깔 때 쓰는 전용 칼이 있어도 굴 껍데기를 제거하기는 쉽지 않다. 우리에겐 그런 도구도 없었고, 손을 다치거나 소중한 칼을 부러뜨려서는 안 됐기에 아예 그런 모험을 하지 않았다. 작은 굴은 냄비에 넣고 익혔다. 열기 때문에 굴은 저절로 입을 벌렸다.

자연산 굴은 양식한 굴보다 입을 벌리기가 더 어렵다!

큰 굴은 숯불에 올리면 결국 얌전하게 입을 벌렸다. 냠냠!

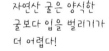

54

고둥은 웅덩이나 바위 사이 또는
바위 아래서 아주 검거나
짙은 회색을 띠는 것들만을
주워야 한다는 사실을
깨달았다. 노란
줄무늬가 있거나
이와 비슷한 모양의
고둥은 떼어내기가 어렵고, 익혀도
별로 먹을 게 없다. 수적으로는 이런
고둥이 훨씬 더 많았는데, 몹시 아쉬웠다!

주름꽃게를 잡으려면 바위 아래에 손을 넣고
지나가는 움직임이 느껴지면 순식간에 낚아채야
한다. 게의 집게발에 집힐까 봐 두렵다면 우리도
집게를 사용하면 되지만, 효과적인 방법은 아니다.
주름꽃게는 달리기 선수이기 때문이다!

유럽꽃게는 모래밭에서 잡는다. 파도가
너무 심하게 치지 않는 곳에서 물속을
걸어 다니며 숨어 있는 곳을 찾아낸다.
게를 찾으면 먼저 바닥 쪽으로
밀어붙이고 나서 집게로 집지 못하게
손으로 몸체의 양쪽 끝을 쥔다.

과장할 필요는 없다. 큰 게와
달리 유럽꽃게는 집게발로 집는
힘이 아주 세지는 않다. 하지만
우리는 여기서 유럽꽃게를 본
적이 없다. 아쉬운 일이다!

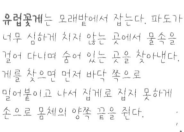

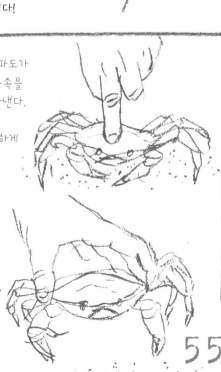

55

해변 모래밭 속

물이 빠져나간 뒤에 드러난 모래밭 불과 몇 센티미터
깊이에서 우리는 조개를 아주 많이 잡았다. 대합,
새조개, 그리고 다른 조개들이 무리 지어 살고
있었다. 그래서 힘들여 하나를 찾아내면
그 주변에서 다른 조개들을
무더기로 발견할 수 있었다.

새조개가 모여 있는 곳은 금세
알아낼 수 있었다. 새조개가 물이
빠지기를 기다리며 모래밭에 들어가 있을
때는 몸을 파묻은 곳 지면에 나란히 구멍을
두 개 내놓기 때문이었다.

새조개

바지락은 몸을 숨긴 곳
지면에 '8' 자처럼 생긴
구멍을 남긴다.

바지락

대합이나 다른 조개와 마찬가지로 새조개도 덩치가 클수록
해변에서 가장 깊은 곳에 살고 있다! 당연하다. 그곳에서는
바닷물이 거의 빠져나가지 않으므로 조개들이 먹이를 가장
오랫동안 먹을 수 있기 때문이다.

조개를 잡기 좋은 지점은
파도에 쓸려간 모래 속, 특히
해변에서 가장 깊은 곳이다.

쇠스랑이나 갈퀴가 없어서 손으로
모래를 파고 긁어냈지만, 그래도
매우 효과적이었다.

해감하기 위해 새조개를 물웅덩이나 물을
가득 채운 용기에 담아놓고 규칙적으로
물을 갈아준다. 조개가 모래를 다 뱉어내면
당연히 먹기 좋다.

57

톰은 어부들이
갈매기를 흉내
내며 조개를 뭍으로
불러내는 방법에서
영감을 얻어 자기도 이
동작을 흉내 냈다. '조개 춤'
이라고 부르는 이 동작은 갈매기처럼
모래를 쿵쿵 밟으며 걸어서 파도가
친다고 착각한 조개가 밖으로 나오게
하는 원시적인 수단이다.

톰이 갈매기 걸음을
흉내 내려면 더
연습해야 할 것
같았다.

우리는 이 독특한 방법으로 조개가 어디 있는지 찾아낼 수 있었다.
어설프더라도 톰처럼 모래밭에서 발을 구르면 조개는 가끔 물을 내뿜는다.
이런 모습 때문에 어부들은 이걸 '오줌싸개 낚시'라고 부른다.

회색 지렁이처럼 생긴 갯지렁이가 모래나
진흙에 따라를 틀고 있었다. 우리는
낚시 미끼가 필요할 때 땅을 파고
갯지렁이를 잡았다.

58

맛조개가 숨어 있다는 걸 알려주는 두 개의 구멍이 있다. 이 구멍 밑을 파서 맛있는 맛조개를 잡는다. 하지만 눈 깜짝할 사이에 모래 속으로 파고들어 달아나기 때문에 맨손으로 잡기는 매우 어렵다. 날씨가 좋을 때 바위틈에서 긁어낸 소금을 구멍에 넣어 맛조개를 밖으로 나오게 할 수 있다. 이때 주의할 점은 잡는 사람 그림자가 구멍 위로 어른거리지 않게 해야 한다는 것이다.

먹어보려다가 포기한 것들이 여럿 있다. 말미잘, 불가사리, 해삼, 해초는 물에 끓여보기도 했다. 하지만 해파리를 먹을 마음이 들 만큼 배가 고팠던 적은 없었다!

해초

말미잘

불가사리

해파리

해삼

조개는 선사시대 사람들의 훌륭한 양식이었다. 우리 야영지 뒤에 쌓아둔 조개껍데기들은 마치 패총처럼 보였다. 패총은 고고학자들이 해안에 살던 옛사람들의 마을 근처에서 발견한 조개무덤을 일컫는 말이다.

59

새우

바닷가에서 자란 마리는 바위에 고인 물속에 있는
새우를 아무렇지도 않게 맨손으로 잡는 재주가 있었다.
마리는 새우가 살아서 다리를 버둥거릴 때 맛이 가장
좋다면서 주저하지 않고 산 새우를 와작와작 씹어
먹었다.

이안은 언젠가 다큐멘터리 영화에서
보았던 파푸아뉴기니 사람들이 이른
아침에 채집한 거미줄로 새우를
낚던 걸 기억했다! 솔직히 믿기지
않는 이야기였는데, 그는 자기가 두
눈으로 똑똑히 봤다고 우겨댔다.
이곳 거미도 파푸아뉴기니 거미만큼
거미줄을 잘 치는지 알 수 없었기에
그는 버드나무 가지를 휘어 테를
만들고 거기에 해변에서 찾은 스타킹 조각을
붙였다. 그리고 바닷물이 빠지자 이 그물채를 가지고
깊은 웅덩이로 새우를 잡으러 갔다.

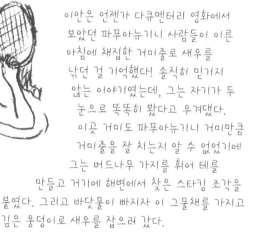

이안은 홍합을 으깨서 웅덩이
밑바닥에 가져다 놓았다.
그리고 몇 분 동안 새우와
그보다 더 크고 맛있는
보리새우가 모여들기를
기다렸다. 이안은 맛있는
새우 간식을 먹을
기대에 부풀어 있었다.

처음에는 별로 신뢰하지 않았지만, 기적을 일으킨 이안의 낚시 도구 중에는 새우 통발이 있었다. 바닷가로 밀려온 페트병을 가지고 캠핑에서 쓰는 말벌잡이 통을 본떠 만든 것이었다.

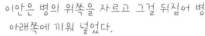

이안은 병의 위쪽을 자르고 그걸 뒤집어 병 아래쪽에 끼워 넣었다.

물에 가라앉도록 안에 작은 조약돌이나 모래를 약간 채워서 웅덩이 바닥에 5~10분 정도 놓아두었다. 물론 안에는 으깬 홍합이나 생선 내장, 삿갓조개 같은 미끼를 넣어서 새우를 유인했다. 이 통발은 대단히 훌륭해서 우리도 똑같은 통발을 여러 개 만들어 여기저기 물웅덩이에 넣어두었다가 나중에 하나씩 거둬들여 거기 들어 있는 새우를 모두 모았다.

보리새우는 해초 사이나 물이 빠져나간 곳에서 그물채를 이리저리 휘저어 낚을 수도 있었다.

곰새우는 물이 탁한 곳에서 잡을 수 있다. 바로 그런 곳에 이 작은 새우들이 좋아하는 플랑크톤이나 다른 먹잇감이 많기 때문이다. 우리는 그물을 앞으로 밀어 넣었다. 곰새우들은 모래 해변과 진흙탕에서 잡을 수 있다. 가장 좋은 방법은 망을 새우잡이 그물처럼 만드는 것이다. 테는 바닥을 훑을 수 있게 아랫부분을 넓게 만들어야 한다. 이 그물채가 지면에 거의 닿은 상태로 바닥을 훑으면서 새우를 잡는다!

우리가 잡은 해산물

자애로운 바다에 몸을 담그고 있는 섬에서 굶어 죽을 걱정 따위는 하지 않아도 된다. 특히 조개는 얼마든지 있고, 영양도 풍부하고 맛도 좋았다. 게다가 멀리 달아나지 않아서 손쉽게 잡을 수 있었다!

고둥

홍합

굴

삿갓조개

맛조개

주름꽃게

게는 모두 속살이 많지는
않았지만, 맛은 아주 좋았다.
특히 주름꽃게 속살이
맛있었다. 돌로 으깨서
밍밍한 해초 국에
넣으면 마술처럼
훌륭한 맛을 냈다.

유럽꽃게

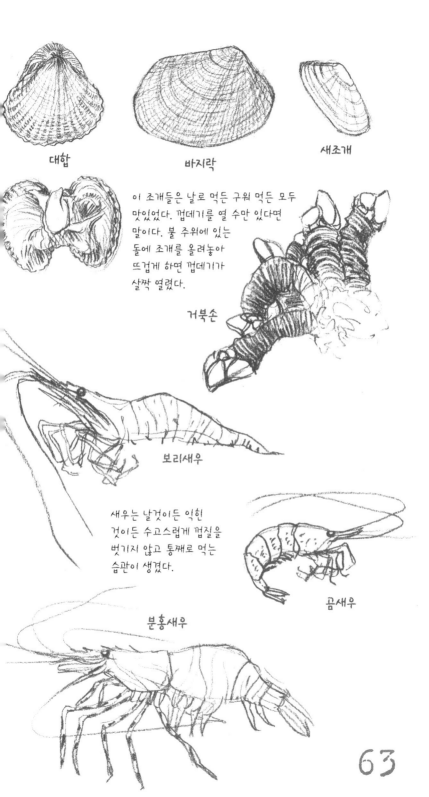

대합

바지락

새조개

이 조개들은 날로 먹든 구워 먹든 모두
맛있었다. 껍데기를 열 수만 있다면
말이다. 불 주위에 있는
돌에 조개를 올려놓아
뜨겁게 하면 껍데기가
살짝 열렸다.

거북손

보리새우

새우는 날것이든 익힌
것이든 수고스럽게 껍질을
벗기지 않고 통째로 먹는
습관이 생겼다.

곰새우

분홍새우

63

해초

처음엔 해초를 거들떠보지도 않았고, 국에 해초를 넣자고 고집을 부리는 막스를 몹시 나무랐다. 하지만 실제로 우리는 식물을 섭취해야 한다는 걸 몸으로 느끼고 있었다. 아무 맛도 없고 가죽처럼 질기고 끈적끈적해도 먹어야 했다. 그러나 너무 많이 먹어서는 안 됐다. 왜냐면 해초가 늘 소화가 잘되는 식품은 아니어서 배탈이 나거나 건강에 해로울 수도 있었기 때문이다.

물론 우리는 물속에서 바닥에 뿌리를 박고 살아 있는 해초만 거뒀다. 땄다고 말하는 편이 맞겠다. 물론 물이 빠지면 바닥에 널려 있던, 썩고 냄새나는 해초에는 손대지 않았다!

녹조류

파래

녹색을 띤 파래는 '바다의 상추'다. 파래는 여름에 리아스식 해안과 바람막이가 잘된 작은 만을 점령하기도 한다. 우리는 모나가 민물에 헹군 파래를 날로 먹는 모습을 보고 깜짝 놀랐다. 하지만 결국 우리도 이 녹색 해초를 먹었다! 깨끗한 곳에서 살아 있는 파래를 먹어보면 결국 그 맛을 좋아하게 된다. 꽤 강한 맛이지만 삶으면 약해진다. 볕이 들 때 바위에 펼쳐놓으면 쉽게 말릴 수 있다.

창자파래

'바다의 상추'와 닮았지만 이름이 말해 주듯이 상추처럼 퍼진 모양이 아니라 기다란 모양을 하고 있다.

64

홍조류

김

살아 있을 때는 갈색 플라스틱 나뭇잎 같다.
말리면 원래 색은 변하지만, 국에 넣어 먹으면
맛있다. 마리는 일본인들처럼 김으로 날생선
조각을 싸서 먹었다.

덜스

붉은색을 띤 엷은 판자 모양의 해초. 날로 씹어서
먹을 수도 있고 삶은 뒤에 입에서 녹여 먹어도 된다.
모나는 덜스에서 헤이즐넛 맛이 난다고 했지만,
막스는 이게 그저 또 다른 해초일 뿐이라고 했다.

애기풀가사리

파도치는 바위에 작은 술 모양으로
자란다. 톡 쏘는 맛이 있어서 국에
넣어 먹으면 좋다. 사실 특별히 맛이
있는 건 아니지만, 변화를 줄 수 있으니
그것만으로도 훌륭하다.

우리는 파래와 납작한
해초들을 민물에 헹궈서
햇볕이 잘 드는 바위에
널어서 말렸다. 그렇게
하면 왠지 더 소화가 잘될
것 같은 기분이 들었다.
말린 뒤에는 그대로 씹어
먹기도 했지만,
대부분 국에
넣어 먹었다.

갈조류

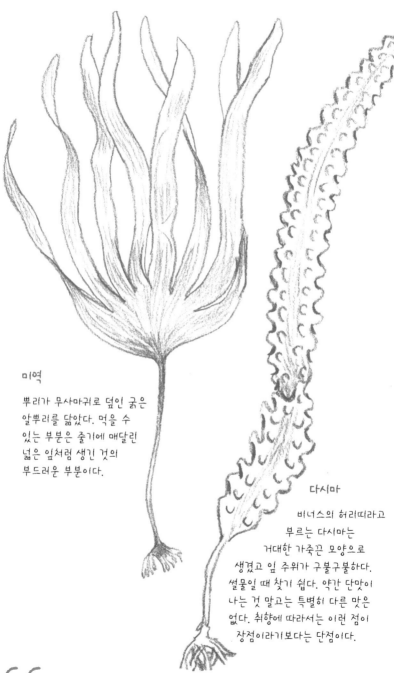

미역

뿌리가 무사마귀로 덮인 굵은
알뿌리를 닮았다. 먹을 수
있는 부분은 줄기에 매달린
넓은 잎처럼 생긴 것의
부드러운 부분이다.

다시마

비너스의 허리띠라고
부르는 다시마는
거대한 가죽끈 모양으로
생겼고 잎 주위가 구불구불하다.
썰물일 때 찾기 쉽다. 약간 단맛이
나는 것 말고는 특별히 다른 맛은
없다. 취향에 따라서는 이런 점이
장점이라기보다는 단점이다.

모자반

프랑스어로는 '바다의 강낭콩'
이라고도 부른다. 썰물로
해안에 물이 완전히 빠졌을
때 바위 사이에서 채취할
수 있다. 다른 갈조류
해초처럼 삶아
먹으면 된다.

갈조류에는 10m가 넘는 해초도
있다. 갈조류는 조금만 자라도 금세
딱딱해진다. 그래서 되도록 어리고
작은 것들을 골라서 따야 한다. 표면에
석회질이 달라붙지 않은 연하고
부드러운 걸 따야 한다. 물론
뿌리는 먹지 않는다.
갈조류는 별다른 맛이 없는
식량이었기에 자주 먹지
않았다. 게다가 너무 많이 먹으면
화장실로 직행하게 된다는 사실을
알고부터는...

바더록스

바더록스는 살짝 굴 맛이
난다. 날로 먹기보다는
익혀 먹었다. 잎이 그다지
질기지는 않았다.

67

밀물과 썰물

언제 바위로 낚시하러 갈 수 있을까? 언제까지 발을 적시지 않고 이 섬을 다닐 수 있을까? 모래 위에서 자면 한밤중에 발이 젖어서 깨어나게 될까? 이 나뭇더미를 해변에 놓아둬도 괜찮을까? 금세 떠내려가지는 않을까?

낚시에 푹 빠진 모나는 밀물 때 바위에 혼자 고립될 수도 있다는 생각 없이 멀리 갔다가 돌아올 때 물속으로 들어가야 했다!

바닷물은 하루에 두 번 차고 두 번 빠진다. 바닷물이 올라왔다가 대략 6시간 15분 동안 빠진다. 대체로 밀물과 썰물은 매일 약 한 시간 정도 차이가 난다. 예를 들어 바닷물이 아침 8시에 차올랐다면 오후 2시 15분경에 완전히 빠지고, 8시 30분 경에 다시 차오른다. 그리고 다음 날 아침 9시쯤에 또다시 차오른다.

대체로 내일 바닷물이 차고 빠지는 시각은 오늘과 거의 같지만 한 시간 더 느리다.

달과 조수 간만의 차

조수 간만의 차이는 28일(4주)간의 달 주기를 따른다. 보름달이 뜰 무렵 조수 간만의 차이가 가장 크다(이걸 사람들은 '사리' 또는 '대조'라고 부른다). 그리고 일주일 뒤에 달이 거의 반쪽이 됐을 때 차이가 가장 작아진다(이때를 '조금' 또는 '소조'라고 부른다). 또 일주일 뒤에 초승달이 뜰 무렵에 차이가 가장 커졌다가 일주일 뒤에 가장 작아지는 등 주기적으로 변화를 반복한다.

잡은 물고기를 자루그물에 넣어두고는 밀물 때 물이 높아진다는 사실을 잊어버린 적도 있었다.

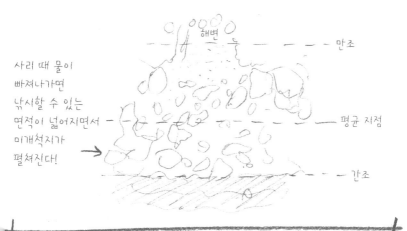

사리 때 물이
빠져나가면
낚시할 수 있는
면적이 넓어지면서
미개척지가
펼쳐진다!

해변

만조

평균 지점

간조

이곳은 지금 밀물 때일까, 썰물 때일까?

파도가 와 닿는 지점 위쪽의 모래와 바위가 젖어 있거나 모래밭
물웅덩이에서 물이 빠지고 있다면 썰물 때이고, 그 반대 경우이거나 바다와
연결된 강이나 시내에 물이 불어난다면 밀물 때이다.

조수간만의 차이는 일 년 중 시기에 따라서도 달라진다. 어부들이 참고하는
조석표를 보며 수위를 예측할 수는 없었지만, 춘분과 추분, 즉 3월 말과 9월
말에 가장 높아진다. 높이가 가장 낮아지면서 차이가 가장 작아질 때는 동지와
하지, 즉 6월 말과 12월 말이다.

학교도, 주말도, 휴가도 없는 이곳에서
우리는 오늘이 어느 해, 어느 달,
어느 요일인지 전혀 개의치
않았다. 하지만 조수간만과
달의 변화에 우리 생활의
리듬을 맞췄다. 우리는
원을 스물여덟 칸으로 나눈
달력을 만들었는데, 한 칸이
하루를 나타냈고, 칸에 조약돌을
올려놓아서 음력 날짜를 표시했다.

조약돌을 올려놓은 칸은
보름날을 의미한다.

물고기를 잡고 싶니? 자리를 잡아. 그리고 물고기를 생각하면서 물고기 머릿속으로 들어가고, 물고기 비늘을 입고, 물고기가 돼봐. 그러면 물고기를 잡을 수 있어!

막스

낚시하기

줄낚시

줄낚시에는 배울 점이 있다. 참을성은 물론이고 몸에 익힐 만한 덕목이 아주 많다. 하지만 낚시꾼도 아닌 굶주린 조난자들에게 줄낚시는 최고의 일거리는 아니었다. 어쨌든 우리의 기술과 장비는 점점 완벽해졌고 무엇보다도 시간을 적게 들이고 물고기를 많이 잡는 방법을 시험해보았다. 낚시로 물고기를 많이 잡기는 어려웠기 때문이다.

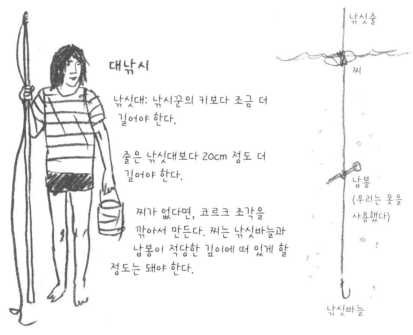

대낚시

낚싯대: 낚시꾼의 키보다 조금 더 길어야 한다.

줄은 낚싯대보다 20cm 정도 더 길어야 한다.

찌가 없다면, 코르크 조각을 깎아서 만든다. 찌는 낚싯바늘과 납봉이 적당한 깊이에 떠 있게 할 정도는 돼야 한다.

낚싯줄

찌

납봉
(우리는 못을 사용했다)

낚싯바늘

우리는 미끼로 토막 낸 조갯살을 사용했는데, 가장 좋은 미끼는 갯벌에 사는 벌레, 새우, 양미리 등 작은 생물이다. 살아 있는 미끼를 낚싯바늘에 꿰어 다는 일은 야만적이긴 하지만, 미끼가 계속 움직이면 낚시에 훨씬 유리하다.

양미리는 썰물 때 물웅덩이에서 잡을 수 있는 작은 물고기다. 양미리를 잡으려면 웅덩이를 파고 바닥에 자루그물을 깔고 그 위에 통발을 놓았다가 통발에 들어오면 자루그물을 끌어올린다. 양미리가 통발을 벗어나도 그물을 통과하지는 못한다.

72

낚시하기에 가장 좋은 시간은 이른 아침과 저물녘이다. 낚시하러 온종일
앉아 있을 필요는 없다.

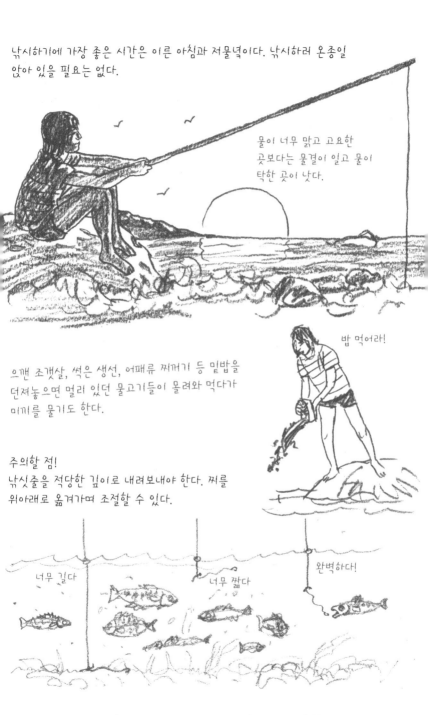

물이 너무 맑고 고요한
곳보다는 물결이 일고 물이
탁한 곳이 낫다.

밥 먹어라!

으깬 조갯살, 썩은 생선, 어패류 찌꺼기 등 밑밥을
던져놓으면 멀리 있던 물고기들이 몰려와 먹다가
미끼를 물기도 한다.

주의할 점!
낚시줄을 적당한 깊이로 내려보내야 한다. 찌를
위아래로 옮겨가며 조절할 수 있다.

너무 길다

너무 짧다

완벽하다!

이 복잡하고 기술적인 사항들은 물고기가 미끼를 물지 않는 이유를 설명해주고,
기대를 품고 시도해볼 만한 요령과 조절 방법을 알려준다는 장점이 있다.

73

톰이 만든 낚싯바늘 세트

톰은 새 뼈나 철사 또는 조개껍데기로 낚싯바늘과 작살을 만드는 데 놀라운 끈기와 재능을 보였다. 가장 중요한 건 가늘고 날카로운 갈고리를 만드는 일이다. '미늘'이라고 불리는 이 작은 갈고리가 낚싯바늘에 달려 있으면 한번 잡힌 물고기는 빠져나가지 못한다.

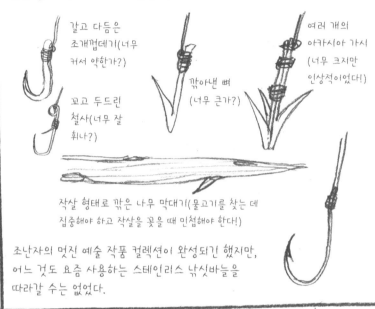

갈고 다듬은 조개껍데기(너무 커서 약한가?)

꼬고 두드린 철사(너무 잘 휘나?)

깎아낸 뼈 (너무 큰가?)

여러 개의 아카시아 가시 (너무 크지만 인상적이었다!)

작살 형태로 깎은 나무 막대기(물고기를 찾는 데 집중해야 하고 작살을 꽂을 때 민첩해야 한다!)

초난자의 멋진 예술 작품 컬렉션이 완성되긴 했지만, 어느 것도 요즘 사용하는 스테인리스 낚싯바늘을 따라갈 수는 없었다.

우리가 썰물 때 드러나는 갯벌을 돌아다니다가 낚시채비를 발견하지 못했다면, 낚시를 제대로 하지 못했을 것이다. 이 장비는 너무나 소중한 보물이었는데, '문명인' 낚시꾼의 낚싯대가 부러져 표류하다가 해초에 감긴 채 바위틈에 박혀 있었다. 우리는 엄킨 해초를 풀고 이 장비의 사용법을 익혔다. 물론 잃어버리지도 말아야 했다!

엄킨 해초 떼어내기: 무엇보다도 짜증 내지 말아야 했다!

낚시채비:

찌

목줄

추

제대로 된 낚싯바늘!

74

돛단배로 낚시하기

우리는 낚싯줄을 해안에서 되도록 멀리 보내려고 줄을 '돛단배'에 묶었다. 돛단배는 바닷가에서 주운 샌들에 돛과 추를 달아 만들었다. 우리는 바람을 등지고 돛단배를 바다에 띄워 보냈다.

돛단배는 폴리스티렌 제품이나 물에 뜨는 나무 또는 빈 병 여러 개를 모아 만들 수도 있다.

돛은 천 조각으로 만들면 된다! 돛의 위와 아래에 나무 막대를 달고, 조금 더 굵은 돛대에 매단 다음, 이 돛대를 샌들에 고정한다.

낚싯바늘을 샌들과 연결된 줄에 묶는다.

샌들을 관통한 돛대 아래쪽에 조약돌을 매달아 배가 균형을 유지하고 뒤집히지 않게 한다.

그렇게 돛단배가 바다에 안전하게 정박하면 10분에 한 번씩 물고기가 잡혔는지 확인하면 된다. 필요하다면 미끼를 다시 달아야 한다.

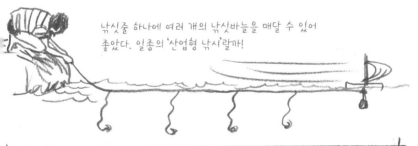

낚싯줄 하나에 여러 개의 낚싯바늘을 매달 수 있어 좋았다. 일종의 '산업형 낚시'랄까!

낚싯바늘을 낚싯줄에 묶는 방법

다 잡은 물고기가 낚싯줄이 풀려 주둥이에 낚싯바늘을 단 채 도망가는 것보다 분통 터지는 일은 없을 것이다. 게다가 그렇게 물고기를 놓치면 낚싯바늘도 잃게 된다! 낚싯바늘을 낚싯줄에 단단히 묶는 방법을 익히도록 하자.

막스가 먼저 줄낚시를 시도했다. 하지만 온종일 애쓰고도 물고기를 한 마리도 잡지 못한 채 야영지로 돌아온 그는 몹시 우울한 표정을 지었다. 게다가 공동 음식 보관 통에 먹을 게 거의 남아 있지 않은 걸 보자, 화가 치미는지 얼굴을 찌푸렸다.

막스가 바위 위에서 대충 만든 낚싯대로 물고기를 잡느라 악전고투하는 동안 다른 친구들은 물이 빠져나간 갯벌에서 조개와 물고기를 많이 잡았고, 많이 먹었다. 친구들은 막스가 저녁때 요리할 물고기를 잡아오리라 예상했기에 그가 먹을 몫을 염두에 두지 않았다.

막스는 한동안 입을 굳게 다물고 있었고, 눈빛에 서슬이 하도 시퍼레서 마침내 그가 얼마나 속이 상하고 실망했는지 털어놓았을 때 그나마 우리는 마음이 놓였다.

이번엔 막스가 굶었지만, 다음엔 누구 차례가 될까? 아픈 친구? 다른 친구들만큼 식량을 구할 줄 모르는 친구? 모두를 위해 도끼를 만들고, 온종일 화덕이나 화장실을 만드느라 먹을 것을 구할 시간이 없었던 친구?

우리는 앞으로 모든 수확물을 공동으로 소유하기로 했다. 맛있는 음식이 생기든 우연히 열매를 발견하든 함께 나누기로 했고, 이런 조건을 바탕으로 계획을 세웠다.

그러려면 우리가 할 일, 결정할 일을 매일 저녁 모여서 의논해야 했다. 그렇게 우리는 매일 회의를 열었고, 일의 순서를 정했다.

저절로 물고기가 잡히는 낚싯줄

마침내 우리는 낚싯줄을 가장 잘 활용하는 방법을 찾아냈다.
이 기술은 시간이 덜 들었지만, 더 주의를 기울여야 했다.
왜냐하면 미끼와 낚시에 걸린 물고기가 다른 포식자를
불러들일 수 있었기 때문이다!

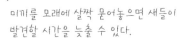

가로 10cm, 세로 25cm 정도 크기의
나무판이나 납작한 돌을 낚싯줄로 감는다.
줄의 길이는 40cm 정도로 한다.

밀물이 시작될 때 그 나무판이나 돌을 물과 가까운 해변
모래에 15cm 깊이로 파묻는다.

미끼를 모래에 살짝 묻어놓으면 새들이
발견할 시간을 늦출 수 있다.

추도 찌도 필요 없다. 미끼만
있으면 된다(조갯살이나 맛있어
보이고 조금 단단한 것으로).

각각 낚싯바늘이 달린 여러
개 줄을 대략 1m 간격으로
가늘고 긴 낚싯줄에 연결하고
나무판이나 돌에 고정해서
모래밭에 묻어놓는다.

낚싯바늘에 걸려 있을 물고기를 썰물 때 찾으러 간다. 게나 새 같은 경쟁자들이
훔쳐가기 전에 서둘러 가야 한다!

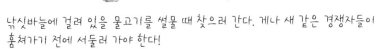

모래밭에 낚싯줄을 파묻고 그게 바닷물에 잠길 때까지
지켜봐야 했다. 갈매기나 다른 동물이 미끼를 채가지
못하게 하고, 친구들이 낚싯바늘을 밟지 않게 해야
했기 때문이다. 이런 이유로 '문명화'된 해변에서는 이런
종류의 낚시가 엄격하게 금지돼 있다.

77

물고기 손질하기

물고기 죽이기

물가에서 약간 떨어진 곳에 자리를 잡는다(어렵게 잡은 물고기가 펄떡거리다가 물속으로 도망치는 일을 막기 위해서다). 물고기가 손에서 미끄러지거나 지느러미 가시에 찔리지 않도록 물고기의 목 뒤쪽을 헝겊으로 싸서 쥐고(고등어는 등에 가시가 있으니 조심하자!), 목을 뒤로 꺾거나 비틀어 죽인다. 물고기가 죽은 뒤에도 한동안 움직이는 건 자연스러운 현상이니 놀라지 말자.

물고기 내장은 먹지 말자!

물고기 배를 갈라서 속에 있는 내장을 모두 제거한다. 알이 있다면 그건 버리지 말고 남겨둔다.

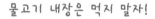

물고기 속을 비우면서 지느러미와 아가미도 제거한다(아가미는 붉은 솔처럼 생겼다). 물고기는 내장을 제거해야 보관하기 편리하다. 제거한 내장은 낚시할 때 밑밥으로 사용할 수 있다.

점선 부분을 자른다.

아가미

78

비늘을 벗겨야 할까?

물고기를 껍질째 먹을 때, 예를 들어 물고기로 국을 끓일 때 우리는 비늘을 벗겼다(비늘이 있는 물고기만 그렇게 했다. 모든 물고기에 비늘이 있는 건 아니다). 비늘은 칼이나 얇은 철판을 사용해서 꼬리에서 머리 방향으로 긁어낸다. 비늘은 많이 긁어낼수록 좋다. 하지만 물고기를 구워 먹을 때는 비늘을 벗기느라 시간을 허비하지 않는 게 좋다(맛도 떨어진다).

살 발라내기

물고기 살은 빨리 익고, 먹기 편하다. 가시는 날것일 때 더 쉽게 제거할 수 있다! 어떻게 하면 생선 장수의 멋진 칼도 없이, 전문가의 기술도 없이 살을 발라낼 수 있을까?

먼저 아가미를 제거한 다음, 머리 아래쪽에 칼자국을 낸다. 그리고 아가미 뒤에서부터 썰어서 가운데 뼈가 있는 곳까지 자른다. 이때 뼈를 잘라서는 안 된다.

점선 부분을 자른다.

칼이 뼈에 닿기 전에 칼질을 멈춘다!

그런 다음, 엄지와 검지로 머리를 쥐고 잡아당겨서 꼬리까지 살과 뼈를 분리한다. 꼬리 부분에서 뼈를 탁! 소리가 나도록 꺾는다.

물고기 머리는 으깨서 국에 넣거나 새우 통발 또는 그물에 넣어 미끼로 사용한다.

79

물고기들

물고기에 대해 더 이야기하고 싶지만, 솔직히 매일 물고기를 먹지는 못했기에
할 말이 그리 많지 않다. 사실 물고기를 잡은 친구는 영웅이 됐고, 그날은
잔칫날 같았다. 그리고 물고기를 요리하는 것도 큰 부담이 됐다!

민어

민어를 푹 끓이면, 약간 단맛 나는
맛있는 살이 뭉개져 버린다.
따라서 적당히 익었을 때
곧바로 건져내야 한다.

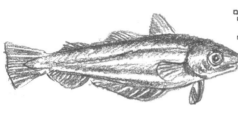

폴록

민어와 마찬가지로 너무
끓이면 살이 부서져 버린다.

넙치

조금 훈련하면 모랫바닥에
숨어 있는 넙치를 작살로 잡을 수
있다. 하지만 넙치가 숨어 있는 곳을
찾아내기가 쉽지 않다!

고등어

비늘이 없고 뼈를 발라내기 쉽다. 구워도
삶아도 맛있다. 이안은 날로 먹는 게 가장
맛있다고 한다.

농어

먹성이 좋은 농어는 먹이를 통째로
삼키기 때문에 배를 갈라보면 창자
속에 작은 물고기들이 여전히 살아
있는 경우가 있다. 모두 함께
냄비에 넣자!

80

대구

대구가 길을 잃고 우리 섬까지
온 적이 있었다. 그 대구는 미끼는 물론 낚싯바늘까지
삼키고 최후를 맞았다. 우리는 그 대구 내장에서
낚싯바늘을 찾아냈다!

감성돔

마리는 바위에서 대낚시로 감성돔을
낚았다. 배 속에 회향을 약간 넣고
구웠더니 일류 요리사가 만든 것
같은 훌륭한 요리가 됐다!

동갈치

가시가 파랗다고 놀라지 말자. 이 색은 신선도와 전혀 관계없다!

무줄비늘치

이 물고기는 금세 상해서 잡자마자 곧바로
먹는 게 좋다. 막스는 이 물고기를 뼈와
가시째 날로 썰어 먹었다.

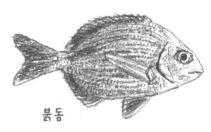

붉돔

불로 덥힌 돌판 위에 놓고 구워
먹는다.

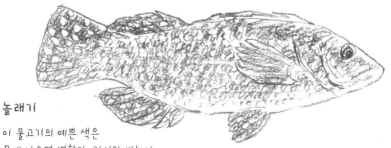

놀래기

이 물고기의 예쁜 색은
물에 나오면 변한다. 가시와 비늘이
많다. 우리는 놀래기의 탄탄한 살점을 국에 넣고 끓였다.

인간은 야생동물처럼 살아도
저녁 식사 후에 불 가에 모여
서로 의견을 나눌 줄 안다.

모나

조리하기

냄비

부엌에서 가장 필요한 건 무엇일까? 바로 냄비다!
저녁이 되면 우리는 낮에 낚고, 따고, 모은 것 중에서 쓸
만한 것들을 냄비에 넣고 끓이면서 냄새도 맡고 자주
냄비 속을 들여다보며 주위를 맴돌았다. 그러다가 소리를
맡은 친구가 한눈이라도 팔면 냄비 속 내용물을 슬쩍
꺼내 먹기도 했다.

우리가 냄비로 쓰는 양철통은 이 섬으로
밀려오기 전에 아마도 모터 기름통으로 쓰던
것인 듯했다. 살짝 녹슬고 조금 찌그러졌지만
쓸 만했다. 우리는 힘들여 뚜껑을 열고 손을 베지
않도록 날카로운 테두리를 부드럽게 다듬었다. 그리고
페인트와 기름 찌꺼기를 없애려고 오랫동안 불에
그슬리고, 젖은 모래로 표면을 문질렀다.

맛있는 '잡탕 요리'를 만들기 위해

바닷물 250mL와 민물 750mL를 섞어 적당히 간을 하고, 마늘,
달래, 애기풀가사리 같은 걸 몇 줌 넣으면 맛 좋은 국물이 된다.
거기에 삿갓조개와 신선한 해초를 잔뜩 넣고, 바위나 모래밭에서
잡은 것들도 모두 집어넣는다! 이게 우리가 매일 기본적으로
먹는 국이다.

남은 재료(남은 게 없다면 충분히
준비하지 못한 것이다)는 다음 날
마음 내키는 대로 사용하면 된다!

국물이 줄어들고 바닥이 드러날수록 맛있는
건더기가 많아지지만, 조개껍데기나 생선
가시, 생선 대가리, 모래 같은 것들 역시
바닥에 가라앉아 있다. 따라서 재료를 국에
집어넣기 전에 잘 씻어야 한다!

색다른 용기로 물 끓이기

더운물이 조금 필요할 때는 페트병에 물을 넣고 가열할 수 있다. 직접 불 위에 올려놓거나 바로 불 옆에 놓아도 찬물이 병의 벽면을 식히기 때문에 플라스틱이 쉽게 녹지 않는다. 하지만 병에 물을 끝까지 채우지 않으면 병의 마른 부분이 뜨거워져서 녹아버린다. 물이 데워지면 천이나 장갑으로 병의 주둥이 부분을 잡고 꺼낸다.

우유나 주스를 담았던 종이 팩에 물이나 국물을 가득 채워서 끓을 때까지 불 옆에 놓고 데워도 된다. 이런 종이 팩에도 불이 붙지 않는다. 한 가지 곤란한 점은 종이 팩은 일단 뜨거워지면 다루기 어렵다는 것이다!

철제 통을 사용할 때는 없던 문제가 플라스틱 용기를 쓰면서 발생했다. 플라스틱 통을 뜨거운 곳에 놓아두면 그 안에 있던 액체가 증발해서 통이 녹고 불이 붙는다. 그래서 갑자기 우리가 영리하지 못하다는 생각이 들었다.

페트병을 달군 쇠나 뜨겁고 뾰족한 물체 위에 놓아두면 병의 표면이 녹아서 내용물이 흘러나온다. 하지만 우리에게 실제로 그런 일이 일어났던 건 아니다.

플라스틱 용기 수리하기

찢어진 통이나 양동이를 꼭 버릴 필요는 없다!
꿰매거나 내용물이 새지 않게 하는 간단한 방법이 있다.
그렇게 고치면 원래처럼 튼튼하지는 않겠지만, 조리나
다른 용도로 쓸 수 있다.

우선 철사나 뾰족한 도구를 불에 달궈서 찢어진
절단선을 따라 양옆에 구멍을 여러 개 뚫는다.

그리고 바늘이 한쪽 구멍을 통과해서 다른
쪽 구멍을 통과하는 식으로 간단하게
꿰맨다. 통 안에 손이 들어가지 않아
작업하기 어렵다면, 굽은 바늘을 사용한다.
이처럼 모든 구멍을 줄로 다 꿰맨 다음, 느슨한
상태에 있는 줄을 탄탄하게 조이면 된다.

마법의 플라스틱 접착제

실로 꿰맨 부분에서 물이 새지 않게 하려면 접착제
같은 것으로 붙여야 한다. 그럴 때 합성수지로 된 끈이나
꼬아놓은 비닐봉지에 불을 붙이면 지글거리며 악취를
풍기면서 타고, 뜨거운 액체 상태로 녹아서 방울방울
떨어진다. 그것으로 절단면을 접합한 부분과 실로 꿰맨
구멍을 모두 메운다. 화상을 입을 수 있으니 한 방울도
몸에 닿지 않게 조심해야 한다.

이 마법의 접착제는 플라스틱 통에만 사용할 수 있는 게 아니다. 플라스틱 제품을
고칠 뿐 아니라 헐거워진 조립품들을 고정하고, 풀릴 위험이 있는 매듭을 완벽하게
고착하기도 한다. 이 마법의 접착제는 거의 모든 것에 사용할 수 있지만, 화상을
입지 않도록 조심해야 하고 타는 플라스틱에서 발생하는 매연을 들이마시지 않도록
주의해야 한다.

병마개를 잃어버렸을 때는 어떻게 해야 할까? 크기가 더 큰 병마개가 있다면 병
입구를 먼저 천이나 비닐로 막고 나서 닫는다. 아니면 나뭇조각을 원뿔형으로 깎아서
입구에 박는다. 이때도 역시 천 조각이나 비닐봉지를 사이에 끼워 넣는다.

소금

우리는 대양 한가운데서 소금이 떨어지는 일이 없도록 하려고 늘 신경 썼다! 우리가 초반에 만든 작은 '염전'은 진짜로 소금을 만들 수 있을지 알아보기 위한 실험용 모델이었다. 그런데 여기에서 얻은 소금은 정말 쓸모가 많았다. 식용으로, 식품 보관용으로, 낚시용으로 쓸 수 있었다.

모나와 막스는 위쪽이 움푹 들어간 바위를 찾아서 거기에 작은 염전을 만들었다. 그들은 양동이로 바닷물을 떠다가 몇 센티미터 깊이로 차오를 때까지 부었다. 햇빛과 바람이 물을 증발시켰고, 남은 물은 점점 더 짭짤해졌다.

열흘간 두 사람은 이삼일 간격으로 바닷물을 보충했다. 바닷물은 계속 증발했고, 남은 물은 더 짜졌다.

물론 이 작업을 하는 동안에는 계속 날씨가 좋고 건조해야 한다. 비가 오면 빗물이 섞여 소금물이 묽어진다. 그러면 다시 해가 나고 바람이 불어 물이 증발하기를 기다려야 한다!

곧 우리는 바닥에 맺힌 소금의 작은 결정들을 발견했다. 물에 염분이 많아 용해되지 못한 것이다.

또 며칠이 지나자(물을 더 보충하지는 않았다) 솜털 모양의 소금 침전물이 생겼다. 알갱이가 점점 더 굵어진 소금이 웅덩이 바닥과 가장자리에 달라붙었다. 물이 완전히 말라버릴 때까지 기다릴 필요는 없었다.

손으로 조심스럽게 소금을 그러모았다.

우리는 소금 결정을 거둬서 습기를 피해 안전한 곳에 보관했다!

생선 익히기

잔치 음식이었던 생선은 잡은 사람이 요리했다. 생나무 가지에 끼워 굽는 게 딱 좋았다. 물론 굽고 나면 살점이 부서지거나 꼬치에서 떨어질 위험이 있기는 했다. 그래서 생선을 불 위가 아니라 불 옆에서 굽는 방법이 더 나았다. 그렇게 하면 덜 위험하고 덜 뜨거워서 생선이 겉만 타고 속은 안 익는 사고를 막을 수 있었다.

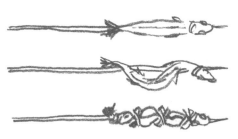

생선의 크기와 살이 단단한 정도에 따라 다른 방식으로 꼬치에 꿸 수 있었는데...

살이 찢어지면서 생선이 꼬치에서 빠져 불 속으로 떨어지지 않게 하려면 묶는 방법이 가장 좋았다.

한쪽만 굽기

불 위에 평평한 돌을 올려놓고 거기에 생선을 굽기도 했다. 한쪽 면이 익으면 그걸로 끝이었다! 돌에 붙은 껍질은 버려두고 살만 골라냈다. 먹을 때 고수를 곁들이면 훨씬 더 맛있었다!

돌은 뒤집어서 불 위에 놓거나 바다에 던졌다. 그것으로 설거지 끝!

88

중탕하기

생선을 넣은 깨끗한 비닐봉지를
물이 끓는 냄비에 담고
중탕하는 방법이 통째로
익히기에는 가장 좋다. 고수, 미역,
조약돌을 생선과 함께 봉지에 넣는다. 봉지
손잡이에 나무 막대를 통과시켜서 냄비에
걸어 놓는다.

이렇게 하면 제대로 익는지 눈으로
확인하기 편하다. 생선이 익으면 그대로
꺼내서 먹는다. 함께 익힌 향초와 해초
덕분에 향도 좋고 맛있다!

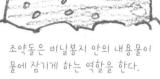

조약돌은 비닐봉지 안의 내용물이
물에 잠기게 하는 역할을 한다.

날로 먹기

요리하기 지겨울 때도 있었다. 그리고 날로 먹기가 익숙해진 것들도 많았다.
또 조개처럼 살아 있는 것도 많았다. 썰물 때는 삿갓조개와 굴을 주워서
바로 먹었다. 굴은 껍데기를 열거나 돌로 깨서 먹었다.

생선은 살을 얇게 저며 소금으로 문지르고
바람에 말리지 않으면 금세 상한다. 살점은
얇게 저밀수록 빨리 마른다.

우리는 장대 끝에 나뭇가지들을
꽂아서 생선 건조대를 만들었다.

우선 소금 간을
한 생선 살을
나뭇가지에 꽂았다.

그런 다음, 장대를
일으켜 세웠다. 높은
곳에서는 바람이 더
세게 불고 파리도
달려들지 않는다.

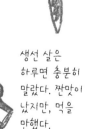

생선 살은
하루면 충분히
말랐다. 짠맛이
났지만, 먹을
만했다.

89

제대로 먹기

도구를 쓰지 않고 손으로 음식을 먹는 건 원시인처럼 사는
우리에게 큰 기쁨이었다. 하지만 너무 뜨겁거나 너무 묽은
음식을 먹을 때는 식기 세트를 만들어 쓰는 편이 좋다.

식기 세트

요구르트 용기, 손잡이로
쓸 막대로 관통한
에어로졸 뚜껑.

국을 떠 먹는 데
쓰는 페트병
아랫부분.

얼음 통

축구공으로
만든 잔

모나는 플라스틱
공을 반으로 쪼갰다.
튼튼하고 탄력 있는 멋진
사발 두 개가 생겼다.

연한 나뭇가지를
잘라 만든 숟가락

끝이 두세 갈래로
갈라진 잔가지를
깎아서 만든 포크

조개껍데기에 손잡이를
달아 만든 숟가락:
멋지지만 조금
약하다.

철사와
나뭇가지로 만든
삼지 포크

식사 시간이다!

낮이 눈 깜짝할 사이에 지나갔고, 우리는
모두 모여 정성껏 준비한 저녁거리를
차분하게 나눴다. 아무 맛도 없는, 해초로 만든
커다란 '파이'라도 모두 나눠 먹었다.

각자 자기가 요리할 차례가
되면, 맛있고 보기 좋은
음식을 준비하려고 애썼다.
막스와 마리는 굽는 방법을 개선하고, 회향,
달래, 애기풀가사리 등 재료를 써서 맛을 내는 데
경쟁적으로 솜씨를 발휘했다.

우리는 대체로 불평 없이 만족하며 음식을 먹었다. 요리를 망쳤거나 태웠거나
비가 와서 제대로 익히지 못한 난감한 경우에는 당장 구할 수 있는 신선한
재료를 먹는 호화스러운 성찬을 즐기는 수밖에 없었다.

난 우리 식당이 좋아.
비록 콜라가 무한 리필 되진 않지만,
무엇이든 마음껏 먹고 마실 수 있으니까!

마리

마시기

우리가 처음 이 섬을 탐험했을 때 생존에 결정적인 한 가지 문제에 대해서는 안심할 수 있었다. 시내가 있었기에 물이 마르지만 않는다면, 갈증으로 죽어가는 일은 없을 것 같았다. 하지만 물을 비축해둬야 했고, 만일의 사태에 대비해서 식수 구할 곳을 더 찾아야 했다.

하지 말아야 했지만,
그래도 우리가 했던 일

그리고 해야 했지만,
우리가 하지 않았던 일

시내를 발견하자, 이안과 마리는 매우 조심스럽게 물을 맛보았다. 물은 맑고 시원했으며, 그들은 목이 말랐다. 결국, 두 사람은 낙타처럼 물을 들이켰다.

아무도 탈 나지 않았지만, 적어도 수원을 탐사해보고 썩은 못에서 흘러나오는 물은 아닌지, 죽은 동물이 물을 오염하고 있는 건 아닌지 확실하게 알아봐야 했다. 우리 중 한 명이 물을 조금 마셔보고 그 친구한테 어떤 변화가 일어나는지 기다려보고, 또 조금 더 마시고 기다려봐야 했다.

물론 물을 정화하고 불순물을 걸러내고 소독해야 했다. 오염된 물을 마시고 복통과 설사를 일으켜서 기운을 잃는 바보짓은 하지 말아야 했다!

다른 모든 사람과 마찬가지로 우리는 시냇물이나 못에 고인 물을 불신했고, 원칙적으로 물을 마시기 전에 수질을 검사해봐야 한다는 사실을 잘 알고 있었다. 어쨌든 지나가다가 처음 본 물웅덩이에 엎드려서 물을 마시는 일은 없었다. 그리고 이곳에서는 수질 오염과 관련해서 동물이나 인간의 배설물, 병균을 옮기는 곤충에 그리 신경 쓸 필요가 없다는 걸 깨달았다. 적어도 이번만큼은 도시의 쓰레기와 농촌의 오물에서 멀어졌고, 이곳 생활은 안전했다!

흐르는 물, '우물물'

흐르는 시냇물은 대부분 수면보다 깊은 곳의 물이 더 깨끗하다. 우리는 야영지 조금 위쪽에서 흐르는 시내 옆에 60cm 깊이로 우물을 팠다. 그곳에서는 우리가 배출한 생활하수나 음식 쓰레기가 물을 오염할 위험이 없었다. 바다에서 너무 가까우면 땅은 염분을 포함하고, 물에도 소금기가 섞이게 마련이다.

시냇물은 때로 불순물이나 진흙(특히 비 온 뒤에)을 쓸어가지만, 그 물이 우물로 흘러들지는 않았다. 우물은 바닥에서 솟아나고, 특히 모래로 여과돼 깨끗했다.

우리는 우물 주위에 나뭇가지를 가져다 놓아서 모래가 우물 바닥으로 계속 흘러내리지 못하게 했다. 하지만 정기적으로 우물 바닥에 쌓인 모래를 퍼내야 했고, 다음번에 우물을 사용할 때까지는 흘러내린 모래를 그대로 두는 수밖에 없었다.

우물가에는 페트병을 놓아두고 물이 필요할 때마다 그것으로 물을 떴다.

우리는 나뭇가지를 엮어 만든 뚜껑으로 우물을 덮어서 햇볕에 물이 미지근해지거나 벌레가 들어가지 못하게 했다. 벌레 우려낸 물을 마신다는 건 생각만 해도 끔찍했다!

물이 탁하고 맛이 이상하면 마시기 전에 물병에 담아서 맑아질 때까지 기다린다. 시간이 지나면 침전물이 바닥에 가라앉는다. 그러면 물병을 흔들지 말고 천천히 물을 다른 그릇에 옮겨 담는다! 재가 섞이지 않은 숯 조각으로 물의 나쁜 냄새를 없앨 수 있다.

95

하늘에서 내리는 물

빗물은 우리가 찾을 수 있는 가장 좋고, 깨끗하고, 유익한 음료였다. 소나기가 올 때 우리는 입만 벌리고 있지는 않았다. 서둘러 빗물을 되도록 많이 받았고, 소금이나 오물로 오염되지 않게 했다.

우리는 평평한 바위를 타고 흘러내리는 빗물을 받았다. 일단 파도의 물보라가 바위에 남겨놓은 소금기가 씻겨 나가기를 기다렸다. 팡슈는 빗물이 잘 흐르는 곳을 찾아냈지만, 거기서 물을 받기 전에 먼저 갈매기 똥부터 닦아내느라 고생했다.

깨끗한 천이나 방수포로 물을 모을 수 있다. 천을 걸어놓고(또는 경사진 땅에 펼쳐놓아도 좋다) 안쪽 가장자리에 주름을 만들어서 빗물받이 홈통처럼 물이 그걸 타고 흘러 양동이 속으로 떨어지게 한다. 예전에 뱃사람들도 돛 위로 흐르는 빗물을 이런 식으로 받아냈다.

확실한 보관

해변에는 바다에서 떠밀려 온 빈 병이 부족하지 않을 정도로 있었다! 우리는 이것들을 주워 잘 헹군 다음, 며칠 동안 모은 소중하고 깨끗한 빗물을 담아서 시원한 바위 그늘 밑 모래에 파묻어 보관했다.

투명한 병을 햇볕에 노출하면 자외선이 물속에 들어 있는 미생물을 죽일 것 같았다. 그래서 시도해봤지만, 흉하고 탁한 녹갈색 액체만 생겼다.

우리는 필요한 때에 대비해서 안심하고 마실 수 있는 물을 비축해두기로 했다. 물을 적어도 10분 동안 끓이는 것만이 유일하게 100% 확실한 방법이었다. 또 그렇게 하는 게 아무도 물 때문에 탈이 나지 않게 하는 확실한 방법이었다.

보관할 때 사용할 병에 물을 가득 채우고 끓였다. 이렇게 하면 확실히 살균된다. 끓인 물은 밍밍해져서 맛이 좋지 않지만, 오래 보관할 수 있다.

불로 가열하는 동안 마개를 열어둬야 한다. 그러지 않으면 병이 터진다!

갈증 심한 날

날씨에 따라 우리는 시냇물에서 얼마간 물을 얻었는데, 이 수원이 말라버리면 비축해둔 물이 오래가지 못하리란 걸 잘 알고 있었다. 그래서 물을 구할 방법을 여러모로 궁리했는데... 다소 성과가 있었다. 어쨌든 결과는 중요하지 않았다. 그런 일은 재미있었고, 또 그런 작업을 하면서 우리는 문제가 생겼을 때 그에 맞설 수 있다는 용기를 얻었다.

바닷물을 마실 수 있을까?
오줌을 마실 수 있을까?

톰은 대서양을 횡단하는 동안 조난자처럼 살았던 유명한 의사, 알랭 봉바르 (Alain Bombard, 1924~2005)가 남긴 교훈을 기억했다. 톰은 바닷물이 민물을 대신할 순 없지만, 극한 상황에 몰렸을 때는 비축한 음료를 아낄 수 있게 바닷물을 마셔도 된다고 했다. 예를 들자면 음식물을 전혀 먹지 않는다면 이틀에 하루는 바닷물을 마셔도 된다는 뜻이었다. 바닷물은 신장에 부담을 줄 정도로 염분과 미네랄을 지나치게 많이 포함하고 있어서 음료라고 할 수 없으며, 포함된 성분들을 내보내려면 민물이 꼭 필요하다.

그렇게 해서
살아남은 사람
↓

게다가 오줌에는 염분뿐 아니라 우리 몸이 배출하는 독소도 섞여 있다. 다시 말해서 오줌을 독이라고까지 할 순 없지만, 바닷물보다도 마실 만한 게 못 된다.

앞서 말한 봉바르라는 의사는 물고기의 몸에 염분이 바닷물보다 적게 들어 있는데, 그건 물고기의 신장이 소금을 배설하기 때문이라고 했다. 그러니까 그의 말대로라면 물고기를 비틀어 짜서 그 몸통에서 나온 액체는 마셔도 된다는 것이다!

톰은 오스트레일리아 원주민이 사용하던 방법으로 이슬을 모았다. 그는 동틀 무렵 발목에 면으로 된 천을 두르고 풀숲을 돌아다니고 나서 천이 빨아들인 이슬을 짜냈다. 반 시간 만에 그는 세 컵 분량의 물을 모을 수 있었다.

아직 초록색으로 남아 있는 연한 갈대 줄기(잎이 무성하게 자라기 전) 끝을 자르면 액체가 나온다. 이안은 갈대 줄기를 휘어서 끈으로 고정하고, 그 아래에 잔을 놓아서 한 방울씩 떨어지는 액체를 받았다. 잔은 아주 느리게 채워졌지만, 그건 특별히 노력을 들이지 않고 저절로 모인 물을 얻는 방법이었다.

황당한 시도: 팡슈와 막스는 해변에서 태양열로 바닷물을 증류해서 민물을 만드는 일에 착수했다. 가장 더울 때 물을 한 방울씩 만들어내겠다는 황당한 시도였다… 한 사람당 증류 장치가 적어도 네다섯 개는 있어야 했다! 날씨가 더 더웠다면 더 많은 물을 얻었을 것이다. 이건 민물을 전혀 구할 수 없을 때, 그리고 한여름에나 쓸 수 있는 방법이다.

자갈

투명한 비닐

자갈

물 받는 용기

바닷물에 적신 나뭇잎과 풀잎

나뭇잎과 풀잎에 묻어 있던 물이 증발해서 비닐에 응축돼 용기 안으로 흘러내린다.

못 먹을 정도로 괴롭진 않았어.
하지만 그걸 먹을 땐 머릿속으로
딴생각을 해야 했어.

모나

형편없는 사냥, 훌륭한 수확

이곳의 날짐승과 들짐승이 모두 식용 동물이라면, 고기 한 점을 앞에 두고 까다롭게 굴 사람은 없을 것이다. 톰은 누구보다도 동물을 좋아(?)했다. 그는 어떤 동물이든, 필요하다면 맨손으로도 별문제 없이 사냥해서 잡아먹을 수 있었다. 하지만 다른 친구들의 사냥 솜씨는 형편없었다. 우리는 꼬치에 끼워 맛있게 구운 토끼 고기가 먹고 싶으면서도 덫에 걸린 이 작고 죄 없고 불쌍한 동물을 죽이거나 가죽을 벗기는 일만은 하고 싶지 않았다.

실패한 무기 모음

초반에 우리는 원시시대 사냥꾼처럼 활, 화살, 새총, 투석기로 무장한 우리 모습을 상상했다. 사냥감을 몰거나 풀숲에 매복했다가 창이나 투창을 던져 잡을 수 있을 것 같았다.

수렵용 창: 길고 단단한 나뭇가지를 잘라 끝 부분을 불에 태워 뾰족하게 만든다. 늑대 무리에 맞설 때는 틀림없이 효과적이리라.

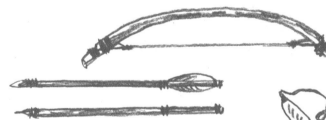

활: 개암나무 가지 양쪽 끝에 홈을 파고 구부려서 활시위를 묶는다.

화살: 곧은 나뭇가지 끝에 활촉으로 못을 고정한다. 갈매기 깃으로 화살깃을 만들어 달면 화살이 똑바로 날아간다. 끝 부분은 낚싯줄로 묶는다.

투석기: 자칫하면 친구들을 다치게 할 무기.

볼라: 돌멩이 세 개를 비닐에 싸서 줄로 연결한다. 가공할 무기지만 들소를 사냥할 때나 유용하다.

부메랑: 톰이 두 갈래로 갈라진 나뭇가지를 반나절 동안 깎아서 만든 역작. 시험해봤지만, 되돌아오지 않았다. 어디로 갔는지, 되찾지도 못했다. 섬의 캥거루들한테는 다행한 일이었다.

102

가까이 다가가도 사냥 도구로 사냥감을 정확히 맞히기 어려웠고, 또 이곳에는 포유류 동물이 거의 없었다. 첫 사냥을 떠났지만, 건진 거라곤 달팽이뿐이었고, 수프에 넣어 먹었지만, 맛도 없었다!

결국, 우리가 만든 무기들은 사냥이 아니라 사격 놀이에 더 재미있게 활용됐다.

이상한 모순

한편으로 우리는 아무런 양심의 가책 없이 조개껍데기를 벌려 조개를 빼냈고,
새우와 물고기를 무참히 죽였다. 다른 한편으로 나무로 만든 토끼와 새
모양으로 된 과녁(물론 굴이나 홍합 모양의 과녁을 보고 같은 반응을 보이지는
않을 것이다)을 겨냥해 활시위를 당길 때조차
우리는 실제로 이런 동물을 죽일 수
없음을 깨달았다. 생존에 위협을
받아 절실하게 두려움을 느낀
적은 없었다!

아니면 진짜로
굶주린 적이
없었거나!

갈매기 새끼 구이 어때?

가마우지라는 새가 잡은 물고기를 빼앗아 먹거나
절벽 둥지에서 슴새 알을 꺼내 먹는 어촌 사람들
이야기는 이미 잘 알려졌다. 갈매기 새끼도 잡기 쉽다.
아직 날지도 못하고 빨리 뛰지도 못하며 금세 지치기 때문이다.
뒤쫓아 가서 커다란 돌을 위에서 떨어뜨리기만 하면 된다.
하지만... 마음이 약했기 때문일까? 그럴 정도로 배가 고프지 않았기
때문일까? 우리는 갈매기 새끼를 죽일 수 없었다.

갈매기가 둥지를 틀 시기가 아니었기에 알에 관심이 쏠리지 않았다. 알이
식욕을 돋울지도 알 수도 없었다. 알을 깼는데
안에서 끈적한 새끼 새라도 나온다면?
어쨌든 새알로 오믈렛을
만들어 먹지는 않는다.
갈매기에 대한 생각은
일단 접어두기로 했다.

그래, 잘했어!
내 생각은
접어둬!

104

덫

톰은 자신의 포식자 본능이 몇 차례 좌절을 경험했음에도 굴복할 줄 몰랐다. 그는 전략을 바꿔서 좀 더 합리적인 기술을 사용했다. 그는 모피 사냥꾼처럼 사냥감을 뒤쫓지 않고 덫을 놓아 잡겠다는 생각을 해냈다. 이게 좀 더 영리한 생각인 건 분명했다. 동물이 지나다니는 길목에 덫을 놓고, 몇 시간 뒤에 걸려든 동물을 거둔다는 계획이었다.

톰은 두 나무 사이에 고기잡이 그물을 걸어놓고 거기에 참새 같은 작은 새들이 걸리기를 기다렸다.

눈으로 분명하게 확인할 수 있는 작고 동그란 배설물, 설치류나 충치류 동물이 갉아먹었을 것으로 추정되는 짧은 풀, 덤불 속에 나 있는 길... 여기 틀림없이 토끼가 있다!

톰은 토끼를 잡기 위해 길목에 올가미를 설치했다. 그는 냄새를 없애려고 낚시줄을 잘 씻어서 주변에 있는 풀로 세게 문질렀고, 그것으로 만든 작은 올가미 여러 개를 열심히 준비했다.

톰은 올가미를 지면 가까이 설치하면서 토끼 머리가 쉽게 들어갈 수 있게 올가미를 벌리고 작은 나뭇가지로 고정했다.

하지만 며칠을 기다려도 덫에 걸린 동물은 한 마리도 없었다...
톰은 결국 그동안 놓았던 덫을 모두 거둬들였다. 그리고 작은 동물들이 덫에 걸려 쓸데없이 목숨을 잃지 않도록 다시는 덫을 놓지 않았다. 그리고 우리는 다시 돌을 과녁 삼아 활 쏘는 놀이에 열중했다.

우리 중에서 식물에 대한 조상의 지식을 조금이나마 갖췄던
친구는 마리였다. 마리와 함께 산책하면 섬은 거의 정원처럼
느껴졌고, 먹을 수 있는 야생초들이 여기저기 널려 있음을 알게
됐다. 마침내 우리는 경계해야 할 독풀들과 마음 놓고 맛있게
먹을 수 있는 풀들을 어느 정도 구별하게 됐다.

몇 가지 풀은 익숙해져서 점점 쉽게
찾아내게 됐다. 결국, 우리는 몇 가지
풀에 그동안 먹고 싶었던 사탕 이름을
붙였다. 이런 놀이 덕분에 몇 주 동안
재미있게 지낼 수 있었다.

"눈깔사탕 엄청 많이 땄어!
먹고 싶은 사람 없어?"

"난 됐어. 막대사탕 많이
먹었거든."

절대! 먹으면 안 되는 풀

우리는 낯선 풀이나 의심스러운 풀은 절대로 따지
않았다. 미나릿과 식물, 삿갓 모양 꽃이 피는 풀,
야생 당근처럼 생긴 풀은 먹지 않았다.
치명적인 독이 있는 독미나리나
독당근과 같은 종류라는 사실을 알고
있었기 때문이다.

야생 당근

독당근

버섯은 단 한 개도 따지 않았다. 먹어도 된다고 장담할 수 없었고, 목숨을 걸기도 싫었기 때문이다.

담갈색 송이

독이 있는 협죽도와 혼동할 위험이 있는 월계수 잎도 따지 않았다. 땔감으로도 사용하지 않았다. 왜냐면 협죽도가 타면서 내는 연기에도 독성이 있기 때문이다.

협죽도

포도처럼 생긴 열매도 따지 않았다. 야외에는 이렇게 생긴 위험한 열매가 많이 있다. 주목, 호랑가시나무, 쥐똥나무, 담쟁이, 은방울꽃, 붉은 딱총나무, 아룸, 벨라돈나, 서양 서향 등의 열매가 그렇다. 월귤나무, 까치밥나무는 우리가 구분할 수 있었을지도 모르지만 섬에는 없었다.

서양 팔꽃나무

아무도 야생초를 먹고 중독된 적은 없었다. 아마도 우리가 먹을 수 있는 식물만을 잘 골라낸 덕분일 것이다. 풀에 들어 있는 독은 시간이 꽤 흐른 뒤에야 효과를 발휘한다. 모험 영화를 보면 등장인물이 경솔하게 이런 독풀을 먹자마자 뒤로 벌렁 나자빠지지만, 실제로는 풀이 소화되기까지 아무 탈 없다가 한참 뒤에야 증세가 나타난다. 아마도 그래서 '당신은 영화를 너무 많이 봤군요!' 같은 표현이 생겼는지도 모른다.

간식처럼 먹는 풀

여기 소개하는 풀은 우리가 과자처럼 맛있게 먹은 것들이다. 삶은 조개와
미역만 먹던 우리에게 새로운 맛을 경험하게 해준 소중한 선물이라고나 할까?
항상 넉넉하게 구할 수는 없었지만, 섬을 돌아다닐 때나 야영지로 돌아와 저녁
식사에 샐러드로 먹을 때 필요한 만큼은 딸 수 있었다!

오디

여름이 무르익을수록 오디도 함께 익어간다. 때로
가시덤불에서 잔뜩 따서 간식처럼 먹는 오디는 확실한
먹을거리였다. 오디를 따다가 여기저기 생채기가 나도
포기할 수 없는 맛이었다!
우리가 먹을 수 있는 열매 중에 단맛이 나는 거라곤
오디밖에 없었다... 우리가 찾아냈다고 생각한 산딸기는 사실
뱀딸기였다. 산딸기와 많이 닮았고 위험하지도 않지만, 아무
맛도 없었다!

개암 열매

설익어도 맛있었다! 나무에서 따
먹었는데, 땅에 떨어진 열매는
작은 벌레들이 껍질을 뚫고
들어가 금세 먹어 치웠다.

쇠비름

잎이 아삭아삭하고
즙이 많다. 약간
시큼하지만 맛있다.

애기수영

잎에서 약간 신맛이
나지만 갉아먹기 좋다. 자갈이
많은 땅에서 자란다.

회향, 나도고수

우리는 둘을 잘 구분하지 못했다. 회향이 더
연했던 것 같고, 나도고수는 향이 더 강하고
질겼던 것 같다. 둘 다 먹을 수 있고, 향도
풍부하다.

잎만이 아니라 줄기까지 먹을 수
있다. 질기지만, 생선 구울 때
향료처럼 사용하기도 했다.

바위틈에서 발견한
맛있는 풀

개회향

바위 사이에서 조개를 줍다가
발견해서 씹어 먹었다.
바위틈에서 자라는 드문
식물이기도 하다.

함초

아삭아삭하고
상큼하다. 개회향처럼
익혀 먹을 수도 있지만,
그러면 향취가 사라진다.

국에 넣어 먹는 풀

우리의 넓은 야생 텃밭에는 다양한 '채소'가 자랐다. 우리는
이 풀들을 그날 잡은 해산물과 함께 끓여 먹었지만, 때로
풀만 따로 조리해서 먹기도 했다.

아마란스

아마란스

이 야생 낟알
식물은 지채처럼
물가에서 자라는
같은 과 다른 풀들과
마찬가지로 통째로 먹을
수 있다.

지채

갈대

갈대와 대나무는
말리고, 찧고, 빻아서
뿌리까지 먹을 수
있다. 무엇보다
아직 연하고
부드러운 어린잎과
죽순이 먹을
만하다. 이안은
이것들을 부드럽게
만들려고 여러 시간 물에
담가뒀는데, 불에 익혀
먹으니 맛있었다!

갈대의 어린잎

모래사초

모래 언덕에서
자란다. 어린잎과
뿌리가 먹을 만하다.

쐐기풀

바닷물에 씻어서 끓이면, 따느라
손이 따갑던 것도 잊을 만큼
맛있다! 손에 생채기가 나지 않게
조심하면서 따면 금세
한 아름 모은다.

민들레

잎을 따서 날로 먹었다.
뿌리는 익혀 먹어야 한다.

110

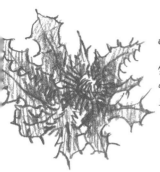

엉겅퀴

삶은 엉겅퀴 뿌리는
아티초크처럼
부드러운 맛이 난다.

엉겅퀴 뿌리

곰파, 곰마늘, 야생 부추

야생 마늘, 야생 양파, 야생 부추와 같은 종류 중에는
아주 맛있는 것들이 몇 가지 있었다. 이런 풀들을
구분하기는 쉬웠다. 마늘이나 파와 닮았고, 그런 냄새가
나는 풀을 찾으면 됐다. 생김새가 닮았지만 먹을 수
없는 풀은 냄새로 어김없이 구분해낼 수 있었다.
꽃과 줄기는 물론 알뿌리까지 먹을 수 있다. 너무
강한 맛이 싫다면 구워 먹어도 된다.

질경이

질경이 잎은 날로 먹어도,
익혀 먹어도 맛있다. 키 큰
풀 사이에서 자라는 뾰족한
질경이 잎은
덜 쓰지만,
바닷가에서 자라는
질경이 잎도 먹을 만하다.

질경이 꽃

바닷가 모래와 자갈 틈에서 자라는 풀

갯배추

우리는 몸에 좋아
약재로도 쓴다는
갯배추를 주저하지
않고 땄다. 삶거나
날로 먹은 줄기는
아스파라거스와 비슷했다.
갯배추를 실컷 먹은 친구 곁에는
가지 않는 게 좋다. 냄새 때문에 질식할
수도 있으니까.

갯근대

야생 상태에서 자라는 무라고
보면 된다. 잎부터 뿌리까지
전부 먹을 수 있다.

갯근대 뿌리

111

슬리퍼 한 짝만
빌려줄 수 없겠니?
내겐 한 짝밖에 없어.

톰

입고 신기

옷가게에서 수만 리 떨어진 이곳에서 우리는 각자 구할
수 있는 재료를 가지고 스스로 옷을 만들어 입었다.
날씨가 서늘해서 온갖 누더기를 걸치고 있으면, 우리는
마치 무리를 지어 서 있는 허수아비들 같았다. 천 조각,
비닐봉지, 방수포, 아프리카 원주민들이 허리에 두르는
치마 같은 넝마를 두르고, 짝이 맞지 않는 신발을
얼기설기 끈으로 엮어 신고 있으니 그렇게 보일 수밖에
없었다. 사진을 찍어놓았다면 아주 볼 만했을 것이다!
하지만 곤궁한 우리가 되는대로 아무거나 걸친 이런
모습이 이상하게도 만족스러웠다.
우리는 모두 둘도 없는 거지꼴이었지만,
유행하는 명품 옷을 입은 사람들보다
더 큰 자부심을 느꼈다.

처음 이 섬에 도착했을 때 입고 있던 옷을 오래
입으려면 무언가를 해야 했다! 특히 쉽게 해지고
찢어지는 무릎, 엉덩이, 팔꿈치 부분은 천으로
튼튼하게 덧댔다.

천 조각을 되도록 넓게
덧대야 한다. 재료는
울퉁불퉁하지 않은 게
좋다. 왜냐면 튀어나온
부분이 먼저 닳아 구멍
나기 때문이다.

먼저 가장자리를 꿰매고 나서
여기저기를 튼튼하게 바느질한다.
대각선으로 두 번 정도 꿰매면
충분하다.

여름엔 날씨가 좋고 덥다. 하지만 때로 비도 내리고 나쁜 날씨가 계속되기도 한다. 게다가 저녁이 오고 어둠이 내리면 으슬으슬 추워진다. 특히 바람이 불면 더 춥다. 우리는 천 조각, 방수포, 비닐봉지, 고무보트 조각 등을 이용해서 필요한 옷을 만들어야 했다.

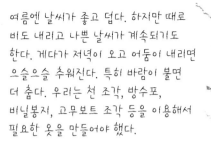

우리는 대형 비닐봉지를 잘라 비가 흘러내리는 걸 막는 두건을 만들었다. 하지만 목 주위를 끈으로 묶지 않으면 바람에 쉽게 날아가 버렸다. 그리고 빗물이 목을 타고 안으로 흘러들어오지 않게 두건을 어깨까지 덮는 형태로 만들었다.

모나는 머리가 나오도록 구멍을 뚫은 비닐로 판초 우의를 만들었다.

이안은 슈퍼마켓 대형 비닐봉지에 인쇄된 '저를 재활용해주세요!'라는 문구를 곧이곧대로 받아들여 이 봉지에 두 팔과 머리가 나오도록 구멍 세 개를 뚫어 소매 없는 옷을 만들었다. 그리고 팔 구멍으로 빗물이 들어가지 않게 어깨까지 덮는 대형 두건을 머리에 썼다.

허리를 벨트나 끈으로 묶으면 우의 밑으로 들어오는 바람을 막을 수 있다.

115

막스는 비료 부대로 헐렁한
바지를 만들어 입고, 끈으로
동여맸다.

몸을 따뜻하게 하려고
우리가 사용한 또 다른
방법은 티셔츠나 겉옷 속에
헝겊이나 건초를 집어넣고
끈으로 묶는 것이었다.
하지만 러시아 인형처럼
여러 겹으로 몸을 감싸지
않으면 별로 효과가 없었다.

아주
귀여워
보였다.

몸이
가렵지도
않았다.

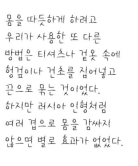

햇빛은 물론 추위를 막기 위해 헝겊을 사용해서
터번을 만들었다.

기본 방식

완성!

투아레그족 방식

턱을 한 번 두른 다음,
반대 방향으로 감는다.

필요하다면 터번
위에 비닐봉지를
쓰고 손잡이를
턱 아래서
묶는다. 이보다 더
멋진 패션은 없다!

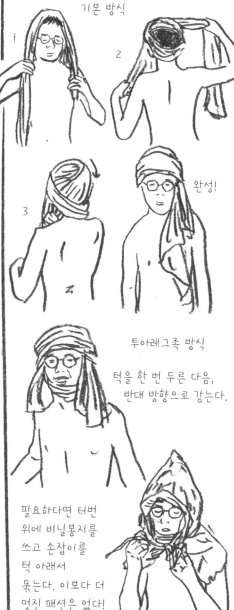

바느질 도구

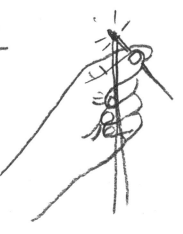

일반적으로 볼 수 있는 단단하고, 뾰족한 바늘, 무엇보다 바늘귀가 있는 바늘을 만들지는 못했다. 그래도 상관없었다. 어떻게 하면 바느질할 때 낚싯바늘을 이용할 수 있을지 고민하던 마리가 간단하면서도 훌륭한 방법을 생각해냈기 때문이다. 마리는 낚싯바늘을 곧게 편 다음 끝을 구부리고 거기에 실을 묶어서 썼다.

바늘

곧게 편 낚싯바늘

철사 한 가닥을 돌에 갈아서 끝을 뾰족하게 만든다.

낚시 매듭이나 감아 매기 매듭으로 바늘에 실을 묶는다. 실이 미끄러져 빠지지 않도록 바늘 끝을 접어 납작하게 만든다.

얇은 천이나 방수포를 꿰맬 때는 아카시아 나무 가시나 끝을 뾰족하게 다듬은 단단한 나뭇조각을 바늘처럼 사용한다. 한쪽 끝에 홈을 파서 가느다란 낚싯줄을 묶는다.

갈매기 뼈

두껍거나 질긴 재료를 꿰맬 때는 바늘 끝을 바위에 갈아 아주 뾰족하게 만들어 사용한다.

송곳바늘

우리가 사용한 바늘은 튼튼하지 않아서 단단한 송곳바늘로 재료에 미리 구멍을 뚫은 다음에 꿰맸다. 송곳바늘은 뾰족한 강철못에 나무 손잡이를 달아 만들었다.

117

바느질

바느질하는 방법은 셀 수 없이 많겠지만, 우리는 다음 세 가지
방법으로 전혀 문제없이 모든 걸 꿰맬 수 있었다.

기본 바느질

특별히 말할 게 없다. 기본 방식이니까.

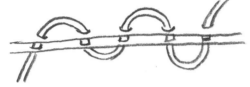

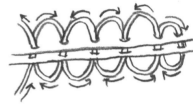

바느질을 끝내면 마지막 구멍
두 개에 다시 서너 번 실을
꿰고 나서 자른다.

마구직공 바느질

두 배로 일해야 하지만, 훨씬 더 튼튼하다.
같은 자리에 두 번 기본 바느질을 하는데
한 번은 반대 방향으로 한다.

비델 바느질

돛을 수리하는 사람들이 찢어진 부분을 봉합할 때 사용하는
방법이다. 수선이 오래가도록 위에 천을 덧대야 한다.

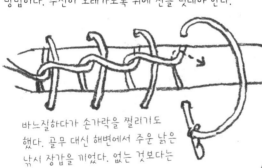

바느질하다가 손가락을 찔리기도
했다. 골무 대신 해변에서 주운 낡은
낚시 장갑을 끼었다. 없는 것보다는
나았다!

장갑의 신비

우리는 고무장갑을 세 개 발견했는데...
모두 왼쪽이었다! 막스는 왜 왼쪽
장갑밖에 찾을 수 없었는지, 그 이유를 설명했다. 어부가
낡은 장갑을 배 밖으로 던지면, 보통 오른쪽 장갑이 더 낡고 구멍이
뚫려 있어서 물 밑으로 가라앉고, 왼쪽 장갑은 손가락 부분에 공기가
남아 있어서 떠다니다가 해변으로 밀려온다는 얘기였다.

신발 신기

늘 맨발로 지내다 보니 어느새 발바닥이 짐승 발바닥처럼 딱딱해졌다. 여기저기 위험한 가시덤불과 날카로운 돌들이 널려 있는 섬에서 돌아다니기 위해 우리는 직접 신발을 만들었다.

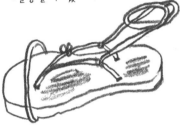

때로 바다의 소금기와 뜨거운 햇볕에 상한 샌들이 물결에 떠밀려 오기도 했다. 대부분 가죽끈은 쓸 수 없는 상태였지만, 밑창은 재활용할 수 있어서 거기에 끈을 새로 달아 신었다.

스파르타 샌들 스타일로 발목에 고리를 달아서 쉽게 벗겨지지 않게 했다.

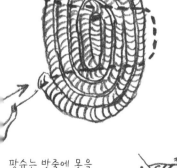

팡슈는 밧줄을 똘똘 감아서 나무판자에 놓고 납작하게 누르면서 단단히 조였다. 그런 다음, 질긴 나일론 줄로 밧줄을 꿰매 똬리가 풀리지 않게 했다.

팡슈는 밧줄에 못을 박아 나무판에 고정했는데, 그렇게 하면 밧줄도 풀리지 않고 작업도 훨씬 쉽게 할 수 있었다.

명품 신발!

톰의 **발싸개**는 헝겊 한 장으로 간단하게 발을 보호하는 재주가
있었던 시베리아 죄수들을 떠올려서 만든 것인데, 난감하게도
걸핏하면 풀려서 애를 먹었다.

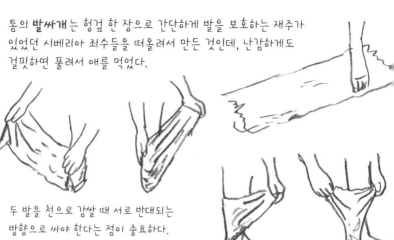

두 발을 천으로 감쌀 때 서로 반대되는
방향으로 싸야 한다는 점이 중요하다.

마리는 고무보트를 잘라 모카신을
만들었다. 인디언들이 신던 신발 모양을
본떠서 만들었는데, 재료나 우아한 모습은 독보적이었다.
진짜 배처럼 생긴 신발이었다!

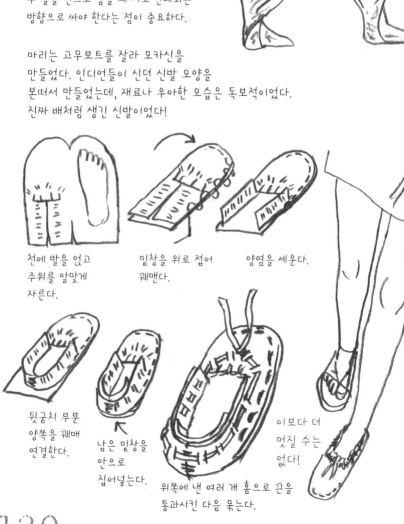

천에 발을 얹고
주위를 알맞게
자른다.

밑창을 위로 접어
꿰맨다.

양옆을 세운다.

뒷굼치 부분
양쪽을 꿰매
연결한다.

남은 밑창을
안으로
집어넣는다.

위쪽에 낸 여러 개 홈으로 끈을
통과시킨 다음 묶는다.

이보다 더
멋질 수는
없다!

입을까, 벗을까?

우리가 가방도 없이 이 무인도에 도착할 때 입고 있던 옷은 소중했던 만큼 튼튼하지는 못했다. 그 옷들이 마르는 데 꽤 시간이 걸렸고, 특히 소금기가 배어 있었다. 그래서...

축축하고 차가운 단벌 팬티를 입은 채 몇 시간 동안이나 수영하고 돌아다니는 편이 나을지, 아니면 아예 알몸으로 물에 뛰어드는 편이 나을지 생각해봤다.

소나기가 퍼붓는다면, 몇 시간 동안 옷을 말릴 각오를 하고 옷을 입고 있는 편이 나을까, 아니면 비를 피할 수 있을 때 입을 생각으로 옷을 잘 접어서 마른 곳에 보관하고 알몸으로 다니는 편이 나을지도 생각해봤다.

무엇보다 부끄럽다는 생각이 먼저 들었다... 이상해 보일 수도 있지만, 이곳에서 우리는 늘 붙어 다니며 지냈기에 각자의 성격과 개성을 감추기 어려웠다. 결국, 몸도 마찬가지였다.

팡슈와 톰은 옷을 다 벗고 수영하는 편이 낫다는 사실을 금세 깨달았다. 게다가 이 섬에서 수영과 목욕은 마찬가지 활동이었다. 그렇다면 속옷을 입고 샤워하는 사람은 없지 않겠는가? 결국, 나머지 친구들도 팡슈와 톰처럼 알몸으로 물에 들어갔는데, 그렇게 하는 편이 훨씬 더 기분 좋았다.

그렇게 물놀이가 끝나면, 우리는 각자 서둘러서 옷을 다시 챙겨 입었다. 그리고 햇볕이 좋으면 따뜻한 바위에 도마뱀처럼 찰싹 달라붙어 몸을 말렸다.

우리 옷은 남의 시선보다는 추위, 햇볕, 비 또는 따가운 식물과 벌레를 막아주는 역할을 했다. 온종일 우리는 여러 겹 누더기를 걸치고 있다가 발가벗은 알몸이 되기를 여러 차례 반복했다.

'작은 부상'이란 건 없어.
넌 우리한테 의지하고,
우린 너한테 의지하잖아.
네가 다치면, 우리가 다친 거야.
그러니 늘 조심해.

막스

몸 챙기기

큰 병이 났거나, 크게 다쳤거나, 큰 사건이
일어나지는 않았다. 다행스럽게도 아무도 섬에서
큰일을 겪지는 않았다. 다리가 부러졌거나,
바이러스에 감염됐거나, 치통을 앓게 된다면,
우리의 멋진 모험은 환자에게는 물론 환자를 돌보는
친구들에게도 악몽이 됐을 것이다. 우리는 그런
사실을 잘 알고 있었기에 늘 조심했다. 그리고
난처한 상황에 놓이지 않도록 작은 상처도 그냥
넘어가지 말아야 한다는 것도 잘 알고 있었다.
그렇게 일사병, 외상, 음식물, 청결에 늘 신경 썼다!

날카로운 것에 베어 생긴
상처에는 부싯깃(불쏘시개로
쓰던 것)을 대고 누르면
흐르는 피가 금세 멈춘다.

상처가 덧나지
않고 낫게 하는
데에는 무엇보다도
청결이 중요하다.
따갑더라도 상처 부위를
바닷물로 주기적으로 씻고
깨끗한 민물로 헹군다.

지저분한 붕대로 상처를
감싸느니 차라리 붕대를
쓰지 않는 편이 낫다. 상처를 햇볕에
너무 노출하지 않도록 하면서
드러내는 게 좋다.

닥터 마리의 향기로운 치료제

달래는 식용으로만 사용하는 풀이 아니다. 달래즙은
상처의 감염을 막아주고 몸에 바르면 성가시게
달려드는 벌레들을 쫓을 수 있다. 냄새를 맡아보면
왜 벌레들이 달래를 싫어하는지 알 수 있다!

톰의 접질린 발목
치료에도 으깬 달래를
사용했다. 마리는 으깬
달래를 톰의 발목에
붙이고 비닐봉지를
붕대처럼 감아서 묶었다. 밤에 톰의 통증이
사라진 건 달래 냄새 덕분인지도 모른다!

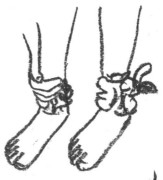

마법의 질경이

질경이즙은 쐐기풀에 쏘였을 때 잘
듣는다.
재미있게도 질경이는 흔히 쐐기풀 바로
옆에서 자란다. 질경이 잎으로 쐐기풀에
쏘인 부위를 문지르면 금세 가라앉는다.
으깬 질경이 잎은 벌레 물린 데, 찰과상,
가벼운 화상에도 잘 듣는다.

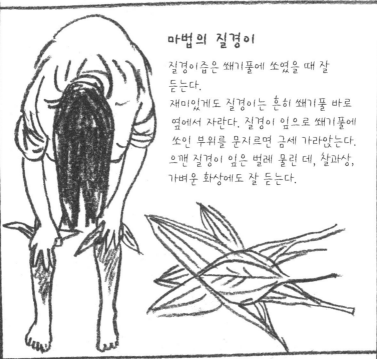

125

동미리

모나는 해변에서 동미리에 쏘여 몹시 고통스러워했다.
하지만 우리는 어떻게 대처해야 하는지 알고 있었기에
당황하지 않았다. 이런 일은 해변에서 자주 일어난다. 이안이
앞장서고 팡슈와 막스가 모나를 손가마에 태워서 야영지까지
데려갔다. 우리는 모나의 상처에 동미리 가시가 아직 남아
있지 않은지 살펴보고 나서 요리하려고 데워놓았던 물에
모나의 발을 담갔다.

동미리는 모래 속에 숨어서
독이 있는 가시를 위쪽으로
세우고 있다.

모나가 이안이 뜨거운 물에 찬 바닷물을 섞어 따뜻하게
한 물에 발을 담그고 있는 사이에 동미리 독은 열의
영향을 받아 저절로 사라졌다.

해파리와 고깔해파리

해파리는 죽은 상태에서도 독을 쏜다. 그러니 촉수는
절대 만지면 안 된다(우산은 괜찮다). 때로 남서풍에 밀려오는
고깔해파리의 긴 촉수는 매우 위험하다.

해파리

고깔해파리

고깔해파리의 보랏빛
투명한 우산이 눈에
띄면 절대로 가까이
가지 말자!

해파리에게 쏘인
상처는 오톨도톨한
채찍에 맞은 자국과
비슷하다. 정말 아프다!

해파리에게 쏘인 상처는 민물로 씻으면 독이 퍼져서 더
위험해지므로 바닷물이나 따뜻한 소금물(국을 끓이려고
준비한 물도 좋다)로 씻어야 한다. 그런 다음,
고운 모래를 뿌려서 아직 피부에 남아 있을지
모르는 해파리 촉수를 덮고, 플라스틱이나
금속 조각으로 살살 긁어낸다.

신속한 외과 진료

팡슈는 다루기 힘든 친구였지만, 손가락에
낚싯바늘이 박히자 온순해졌다. 그건 한번
박히면 쉽사리 빠지지 않는 미늘이 달린
바늘이었다. 어떤 친구들은 바늘이 박힌 반대
방향으로 빼야 한다고 했지만, 그렇게 하면
그야말로 끔찍한 유혈극이 될 확률이 높았다!

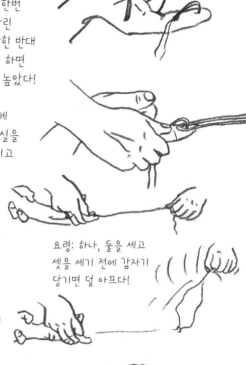

팡슈는 마리에게 제거 방법을 침착하게
설명했다. 마리는 60cm 길이의 질긴 실을
낚싯바늘의 고리 밑부분으로 통과시키고
나서...

한 손으로 낚싯바늘이 박힌
손가락을 잘 누른 상태에서 다른
손으로 실의 양쪽 끝을 단단히
감아쥐었다.

요령: 하나, 둘을 세고
셋을 세기 전에 갑자기
당기면 덜 아프다!

하나, 둘... 낚싯바늘의 가장 아래쪽에
걸고 있던 실을 확 잡아당기자 바늘이
팡슈의 손가락에서 쑥 빠졌다!

발에 박힌 성게 가시나 다른 여러 가시를 마리보다
더 기술적으로 더 침착하고 참을성 있게 빼낼 수
있는 친구는 없었다. 마리는 끝을 뾰족하게 갈아서
만든 칼을 사용할 때 먼저 불에 대고 소독했다. 그리고
치료를 시작하기 전에 반드시 손을 깨끗이 씻었다.
마리는 가시가 박힌 발을 따뜻한 물에 담가서 살을
불린 다음, 가시가 박힌 방향을 따라 살을 째면서
가시가 부러지지 않도록 조심했다.
그리고 날을 가시 아래로 집어넣어서
가시 한쪽 끝을 들어올린 다음,
손톱으로 집어서 빼냈다.

'외과용 메스'를
불에 대고 소독한다.

짼다.

들어올린다.

127

흠... 씻지 않아도 된다는 건 참 좋은 일이다! 야생 상태로 돌아가서
진흙탕에서 뒹구는 것도 좋은 일이다! 고상한 척하지 않아도 된다는 사실이
무척 마음에 든다. 하지만 성격이 무던한 막스마저도 결국 참다못해서 너무
지저분하게 사는 팡슈한테 한마디 하지 않을 수 없었다. "단지 좋은 냄새를
풍기고 품위를 지키려고 청결을 유지하는 건 아니야!" 그렇다. 청결은
감염을 막는 수단이다. 또 음식물을 만지기 전에 신경 써서 손을 씻지 않아서
다른 친구에게 병을 옮기는 일이 없도록 하는 위생의 문제다. 게다가 잘
씻고, 좋은 냄새가 나면 사기도 올라가고 삶의 환경도 쾌적해진다!

어느 저녁 식사 시간에
땀에 흠뻑 젖은 팡슈가
온몸에 생선 피를 묻힌
채 악취를 풍기면서
거지꼴로 돌아왔다.
난리가 났다! 모두
팡슈에게 달려들어서
우리가 만든 비누로
잔뜩 비누칠을 했다.

팡슈의 비누 세례가
끝나자 우리는 모두 물에
뛰어들어 유쾌하게 멱을
감았다.

우리가 만든 비누

우리는 재를 민물에 반죽해서 직접 비누를 만들고
다양한 용도로 사용했다. 이 수제 비누는 손과
몸을 씻고 이를 닦을 때도 효과가 탁월했고,
뜨거운 물에 풀어서 세제로 사용할 수도 있었다.
톰은 에스키모들이 그러듯이 바다표범의 지방과
발효된 소변을 섞어 비누를 만들자고 했지만,
다행히 바다표범을 작살로 잡는 일은 없었다.
하지만 톰이라면 그런 일을 하고도 남았을 것이다!

왜냐면 난
소중하니까요!

우리는 칫솔질을
했다기보다는 옛날 방식대로
작은 나무 막대기로 이를
문질렀다.

그 나름대로 품위를 지키고 싶었던 걸까?
아니면 그의 말대로 우리 중에서 자신이
유일하게 '문명인'이라는 이름에 걸맞게 위생
관념이 철저한 사람이라는 걸 증명하고 싶었던
걸까? 이안은 하루도 거르지 않고 성실하게
나일론 실을 치실처럼 사용했다. 놀림에는
아랑곳하지 않고, 그는 치실이
충치를 막는 가장 효과적인
방법이라고 주장했다.
사탕이나 단 음식은
눈을 씻고 찾아볼
수 없는 곳에서
말이다...

여성 청결

그건 네 명의 소년 중에서 아무도 상상하지 못했던
일이었다. 마리에게 조심스럽게 물어본 사람은
모나였는데... 마리는 월경이 시작되면 깨끗한
천을 접어서 팬티 안에 고정하는
식으로 해결할 수 있다고
말해줬다. 옷에 생긴 핏자국은
반나절 정도 찬물에 담가 놓으면 빠졌고, 마리는 재를
가지고 따뜻한 물에 속옷을 빨았다. 또한 마리는 두세
번 바닷물에서 수영하면 생리 양과 기간이
줄어든다고 말해줬다.

129

화장실도 화장지도 없는 생활

"물속에서 좀 싸지그래, 이 더러운 것들아!" 막스는
불만스러웠다. 어슴푸레할 때 야영지에서 멀리
떨어지지 않은 곳에서 재수없게도 똥을 밟았기
때문이다. 그때까지 모두 자기 방식대로 일을
처리했고 야영지 주변은 지뢰밭처럼 됐다. 누가
일을 봤는지는 중요하지 않았다. 우리에겐...
화장실이 필요했다!

어디에서 볼일을 볼 것인가?

바다에서 수영할 때 좀 멀리 헤엄쳐 가서 일을 보면 된다. 그렇게
하는 게 최소한의 예의다. 그러면 둥둥 떠다니는 똥을 만날 일은
거의 없다.

사용 중!

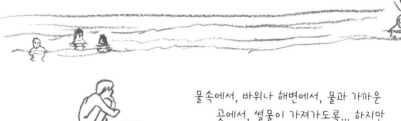

물속에서, 바위나 해변에서, 물과 가까운
곳에서, 썰물이 가져가도록... 하지만
썩 마음에 들지도, 깨끗하지도 않은
방법이다.

남자아이들은 야영지에서 떨어진
곳, 바닷물이나 흐르는 물에
소변을 보기로 했다.

구덩이 속, 모래 속, 땅속에 볼일을 보는 편이 더 낫다. 10~15cm 깊이로 땅을 판다. 변이 모두 구덩이 안으로 떨어지도록 신경 쓴다. 자연을 보호하려면 막대기로 구덩이 바닥의 흙과 변을 뒤섞는다. 그러면 땅에 사는 박테리아가 변을 분해한다. 구덩이를 메우고 나서 막대기도 같이 묻어버린다.

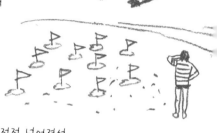

언제까지나 야영지 근처에서 이런 식으로 용변 문제를 해결할 수는 없었다. 멀리 떨어져야 했다. 그렇지 않았다면 야영지 주변은 구멍이 뽕뽕 뚫린 치즈 같은 모습이 됐을 것이다. 또 먼저 볼일을 보고 덮은 구덩이를 다시 파는 일도 생겼을 것이다. 무엇보다 이 '지뢰밭'이 점점 넓어져서 결국 땅과 물을 오염시킬 수도 있었다.

변 때문에 생기는 위험

청결과 관련된 문제이기도 하지만, 건강과 관련된 문제이기도 하다. 배설물이 담수나 음식물과 접촉하는 일이 없게 해야 한다. 바다에서는 배설물이 희석되고 수많은 미생물이 배설물을 분해한다. 하지만 야영지와 시내 근처에서는 심각한 문제가 생길 수 있다. 거리를 두고 볼일을 보면서 곰곰이 생각했다. 비가 오면, 물이 흘러가면, 시냇물이 넘치면, 배설물은 어디로 흘러나올까?

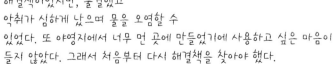

적당한 넓이와 깊이로 구덩이를 파서 공중변소를 만들었지만, 이내 사용을 중단했다. 좋은 해결책이었지만, 불결했고 악취가 심하게 났으며 물을 오염할 수 있었다. 또 야영지에서 너무 먼 곳에 만들었기에 사용하고 싶은 마음이 들지 않았다. 그래서 처음부터 다시 해결책을 찾아야 했다.

고급 변기

이 문제를 염두에 두고 있던 막스는 결국 공동 변기를 설치하고는 우리한테 그걸 사용하라고 강압적으로 요구했다.

양동이, 그러니까 플라스틱 용기로 만든 변기였다. 바닥에는 고양이 변기처럼 모래를 깔아놓았다.

그리고 변기 위에 나무 상자를 놓고 가운데 나무판을 떼어 내서 좌식 변기처럼 만들었다.

용변을 보고 나면 모래를 한 줌 뿌려서 배설물을 덮었다. 그렇다고 파리가 덜 꼬이는 것 같지도 않았다.

우리는 하루에 한 번 양동이를 비웠고, 썰물 때 야영지에서 멀리 떨어진 바닷가로 가서 바닷물로 안을 씻어냈다.

밤이 되거나 비가 오면 멀리 가기 귀찮아서 야영지 바로 옆 바닥에 용변을 보고 싶은 유혹이 생길 것에 대비해서 아예 변기를 야영지 근처에 가져다 놓았다.

132

우리 '화장실'은 야영지에서 좀 떨어진 높은 바위 위에 있었다. 그곳은 야영지에서 보이지 않았고, 용변을 보면서 멋진 바다 풍경을 감상할 수 있었다. 명상과 평화에 적합한 공간이었다.

화장실을 사용할 때면 지금 사용하는 사람이 없는지 확인하기 위해 경사를 올라가면서 "똑똑, 똑똑!" 하고 큰 소리를 질렀다.

우리에게 그곳은 유일하게 한가한 장소였던 것 같다. 살아남기 위해 매일 이리저리 뛰어다니고, 먹을 걸 찾고 조리하고, 새로운 걸 만들고, 가진 걸 고치고 정리하지 않아도 되는 곳이었다.

화장지가 없어!

이렇게 용변을 보는 데에는 문제가 없었지만, 볼일을 보고 나서 뒤처리가 문제였다. 화장지 대용품을 찾아야 했다!

신통치 않지만 쓸 만한 것:

나뭇잎, 나무껍질, 나뭇조각, 아직 어린 매끈매끈한 솔방울.

상당히 위생적인 것:

물과 손으로 밑을 닦는 방법이 가장 청결한 해결책이었다. 손바닥에 물을 담아서 밑을 닦고 나서 손을 깨끗이 씻는다!

최고의 해결책: 햇볕을 받아 따뜻해진 둥글고 매끈한 조약돌을 사용하고 나서 바다에 던진다!

133

애들아, 저기 보이는
야자나무 섬에 사는 사람들은
아무것도 할 일이 없대.
거기서는 듣도 보도 못한 과일을 먹고
매일 햇볕을 받으면서 일광욕을 한대.
거기서는 날씨를 알 필요도 없대.

이안

좋은 날씨,
나쁜 날씨

그해 여름은 대체로 날씨가 좋았다. 물론 예외적인 날도 있었지만, 궂은 날씨는 대부분 주기적으로 찾아왔기에 예측할 수 있었다. 우리는 악천후를 예측하는 방법을 배웠고, 언제 날씨가 갤지 알아맞힐 수 있었다. 반드시 어려운 구름 이름을 알아야 날씨를 예측할 수 있는 건 아니었다!

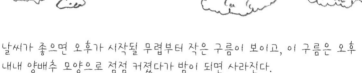

좋은 날씨가 계속될 거야!

저물녘에 해와 하늘이 붉거나 밤에 별이 초롱초롱 빛나면 다음 날은 날씨가 좋다. 아침에 해가 환하게 뜨거나 이슬이 맺히거나 물가에 안개가 끼거나 안개가 여기저기 끼어 있으면 확실하다!

날씨가 좋으면 오후가 시작될 무렵부터 작은 구름이 보이고, 이 구름은 오후 내내 양배추 모양으로 점점 커졌다가 밤이 되면 사라진다.

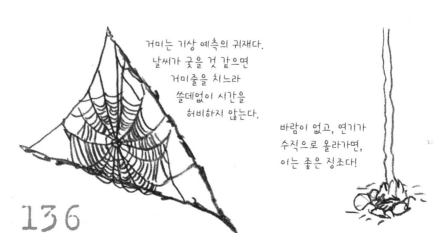

거미는 기상 예측의 귀재다. 날씨가 궂을 것 같으면 거미줄을 치느라 쓸데없이 시간을 허비하지 않는다.

바람이 없고, 연기가 수직으로 올라가면, 이는 좋은 징조다!

날씨가 좋을 때 바람이 분다면
북동쪽에서 시원하게 불어온다.
거기에 바다에서 불어오는 잔잔한
미풍도 가세한다. 오후부터
불기 시작하는
이 감미로운
바람은 저물녘에
잔잔해져서 밤이
끝날 무렵에는 방향을 바꿔 다시
불어온다. 햇볕이 따가울수록 바람도 강해진다!

날씨가 나빠질 것 같아...

파랗던 하늘이 밝은 회색으로 변한다. 높이 뜬 양떼구름은 날씨가 변하리라는
예고다.

하늘 높이 줄무늬 구름이 보이면
위에서 바람이 세게 불고 있다는
걸 알 수 있다. 그 바람은 땅까지
불어올 수도 있다.

높은 곳에 떠 있는 희미한 구름이나
햇무리는 날씨가 나빠진다는 징조다.

137

전원 대피!

식물도 비를 맞이할 준비를 한다. 예를 들어 민들레는 꽃잎을 닫는다.

달팽이는 그늘진 은신처에서 나와 소나기를 기분 좋게 즐긴다... 하지만 우리는 숙소로 돌아가는 편이 낫다.

대기 중에 습기가 많아진다.
마른 풀과 말린 해초가 눅눅해진다.
머리카락이 촉촉해지는 느낌이 들기도 한다.
풀과 땅 냄새가 진해지고, 실제로 날씨가
서늘해지다가 소나기가 쏟아진다!

구름이 두꺼워지고 어두워진다.
뭉게구름이 커져서 기둥처럼
굵어진다. 버섯이나 모루
모양으로 변하면 폭우가 내린다!

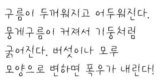

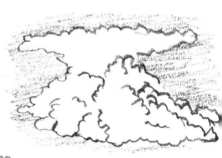

짓누르는 듯한 무거운 느낌이
조금씩 대기에 퍼지고, 날벌레와
작은 곤충들이 낮게 날아다닌다.
포식자인 새와 박쥐도 낮게 난다.
곧 폭풍우가 닥친다는 징조다.

굳은 날씨가 계속될 때

동쪽과 남동쪽 하늘에
두꺼운 구름이 낮게
깔리기 시작했고, 이슬비와
소나기가 번갈아 내렸다.
바람이 불지 않아도 비는 꾸준히
내렸다. 그래서 우리는 한동안
지붕 아래에 갇혀 지내야 했다.
굵은 비가 쏟아져 밖에서 먹을
걸 달리 구하기 어려우면 우리는
축 늘어진 해초로 만든 국을
먹으면서 하염없이 남쪽 바다를
바라보았다.

태양은 다시 떠오른다!

하늘이 변한다. 흰 부분이 생기고 회색
하늘에 구멍까지 뚫리기 시작한다.

그리고 비가 드문드문 내린다.

여전히 이슬비가 지나가고 날씨는
끄무레했지만, 지상 몇백 미터
상공에 장막처럼 안개가 낀다.
그리고 본격적으로 하늘이 맑아진다.

북동쪽으로 지나간 바람이 조용히
북서쪽으로 방향을 바꾼다. 더 신선하고
더 건조한 바람이다! 크고 둥근 구름이
사라지고, 밤하늘엔 별이 다시 나타난다.
내일은 해가 날 것이다!

139

푸는 모습보다는
자르는 모습을
더 자주 봤던 것 같아.

마리

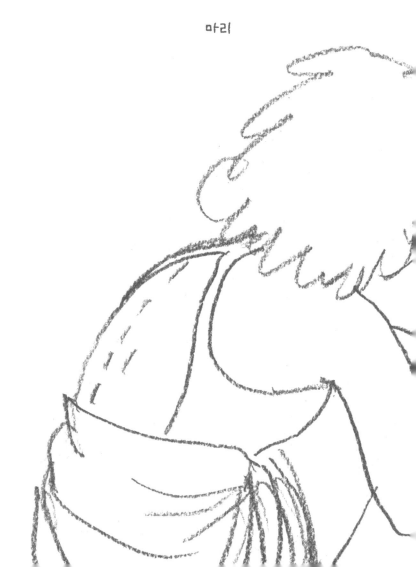

줄과 매듭

물, 식량, 친구들, 그리고 생존에 꼭 필요한 한 가지는 바로 밧줄이었다. 튼튼한 밧줄, 다양한 크기의 밧줄로 우리는 모든 걸 만들고 지을 수 있었다. 우리는 밧줄을 주워서 가공했고, 풀었다가 다시 꼬았으며, 아무것도 버리지 않고 가장 쓸모 있게 활용하려고 온갖 시도를 해보았다!

우리는 밀물이 남기고 간 해초와 뒤엉킨 온갖 종류의 끈과 밧줄을 주웠다. 대부분 어부가 잃어버렸거나 버린 것들이었다. 굵은 닻줄, 햇볕에 타고 소금기로 뻣뻣해진 삼밧줄, 낚싯줄(때로 소중한 낚시 도구 일체가 달려 있었다!), 수많은 자투리 끈이나 찢어진 어망을 남김없이 모았다. 바위틈 깊숙한 곳으로 끈과 밧줄을 찾으러 다녔고, 모래 위로 삐죽 나온 줄 끄트머리가 보이면 땅을 파서 모두 꺼냈다.

줄 푸는 작업실

줄을 끊지 않고 꼬인 매듭을 풀 때 우리는 몇 가지 도구를 사용했다. 굵은 못과 송곳, 딱딱하고 뾰족한 나뭇조각을 찔러 넣어서 매듭에 느슨하게 만들어 풀었다. 몇 사람이 함께 작업하면 그래도 참고 견딜 만하다!

두께가 5cm쯤 되는 뻣뻣한 닻줄, 끝이 풀린 밧줄 토막, 찢어져서 고기잡이에 쓸 수 없게 된 그물, 풀 수 없는 매듭이 잔뜩 생긴 줄을 가지고 무엇을 할 수 있을까? 적어도 그 상태로는 아무것도 할 수 없다. 하지만 꼬인 줄을 풀어서 우리에게 필요한 것으로 새롭게 만들어 쓸 수 있다.

자연물로 만든 줄

땅에서도 밧줄을 만들 재료를 찾았다. 나일론이나 다른 재질의 플라스틱 섬유만큼 튼튼하지는 않았지만, 그래도 쓸 만했다.

버드나무 가지

끓여 먹기에는 너무 질긴 쐐기풀 줄기와 엉겅퀴 줄기

나무껍질

이런 천연 재료로는 매듭을 만들기 어려웠다. 예전에 농부들이 짚단을 묶던 식으로 둘둘 말아서 꼬아야 했다.

엮기

세 갈래가 넘는 줄을 하나로 만들 때 좋은 방법이다. 머리카락을 땋을 때처럼 함께 엮는다.

길이를 늘여야 할 때는 다른 끈과 겹쳐서 함께 꼰다.

143

밧줄 꼬기

밧줄은 여러 가닥의 줄을 꼬아서 만들면 더 튼튼하다.
이렇게 하면 다른 줄들도 약한 부분이나 이음매를
튼튼하게 보강할 수 있다.

잘 손질한 가는 줄로 가닥을
만드는데, 이건 앞으로 만들
밧줄의 재료가 된다. 여러
줄의 한쪽 끝을 고정한
다음 반대편 끝을 같은
방향으로 계속 돌려서
가닥을 만든다.

여러 가닥을 서로 이으려면
넉넉잡아 15cm 정도를 포갠다.

두 사람이 작업할 때는 마주
보고 서서 서로 다른 방향으로
돌린다. 이렇게 하면 시간을
많이 절약할 수 있다. 이때
가닥을 팽팽하게 유지해야
한다는 점을 명심하자.

팽팽한 상태로 가닥을 계속
돌리다 보면, 충분히 꼬여서
줄이 저절로 말릴 정도가 된다.

줄의 가운데를 접어서 양쪽
끝을 한데 모은다.

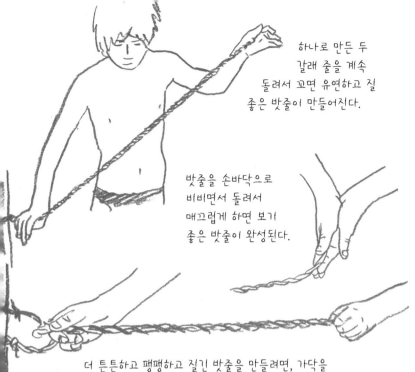

하나로 만든 두
갈래 줄을 계속
돌려서 꼬면 유연하고 질
좋은 밧줄이 만들어진다.

밧줄을 손바닥으로
비비면서 돌려서
매끄럽게 하면 보기
좋은 밧줄이 완성된다.

더 튼튼하고 팽팽하고 질긴 밧줄을 만들려면, 가닥을
하나 더 첨가한다. 같은 방식으로 가닥을 꼬아 이미
만들어놓은 가닥과 함께 돌리면서 꼰다.

합성섬유로 만든 밧줄이 풀어지지
않게 하려면 불로 끝 부분을 녹여
실들이 서로 접착되도록 납작한
돌 위에 놓고 비빈다.

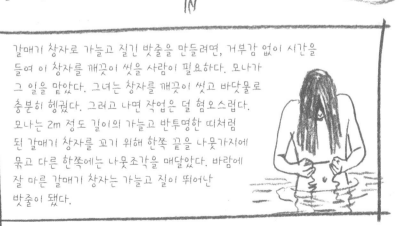

갈매기 창자로 가늘고 질긴 밧줄을 만들려면, 거부감 없이 시간을
들여 이 창자를 깨끗이 씻을 사람이 필요하다. 모나가
그 일을 맡았다. 그녀는 창자를 깨끗이 씻고 바닷물로
충분히 헹궜다. 그러고 나면 작업은 덜 혐오스럽다.
모나는 2m 정도 길이의 가늘고 반투명한 띠처럼
된 갈매기 창자를 꼬기 위해 한쪽 끝을 나뭇가지에
묶고 다른 한쪽에는 나뭇조각을 매달았다. 바람에
잘 마른 갈매기 창자는 가늘고 질이 뛰어난
밧줄이 됐다.

145

무엇이든 할 수 있는
매듭 다섯 가지

우리는 어부들도 쓸 만한 매듭이라고 말했다. 배에서는 줄을 장난삼아 사용하지 않는 만큼, 이 매듭들은 매우 튼튼하고 실용적이었기 때문이다. 어쨌든 우리는 섬에서 살면서 이 매듭들을 실생활에 요긴하게 사용했다.

옭매듭(BOW LINE)

익숙해지려면 시간이 걸리지만, 등반가들이 생명줄에 사용할 정도로 믿을 만한 매듭이다. 고리의 지름이 그대로 유지된다는 점이 특징이다. 간단히 조일 수 있고, 단단히 조여도 풀기 쉽다. 고리에 자주 힘을 가해서 혹시라도 저절로 풀리지 않게 하려면 끝 부분을 반 매듭으로 묶어놓으면 안전하다.

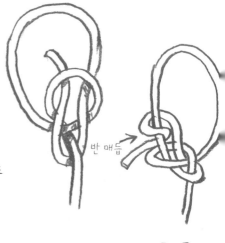

반 매듭

두 번 반 묶기 매듭
(ROUND TURN AND
TWO HALF HITCHES)

무엇이든 튼튼하게 묶을 수 있다는 게 장점이다. 줄이 아주 팽팽하게 당겨져 있어도 매듭으로 묶기가 어렵지 않다. 일단 묶을 사물을 줄로 한 번 둘러 감고 단단히 당겨 고정한 다음, 줄의 끝을 묶어 고정한다.

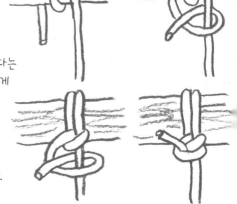

146

각매듭(SQUARE)

고리를 만들어 매듭짓는 방법으로, 풀기
쉽다. 이건 세상에 가장 널리 알려진
매듭임이 틀림없다. 누구나 신발 끈을
묶을 때 사용하니까! 특히 자루 끝이나
나뭇단 등을 묶기에 적합하다. 두 줄을
교차하는 방식이 아니라 평행으로 사물을
묶는 방식이므로 줄끼리 묶을 때는
안전성이 떨어진다.

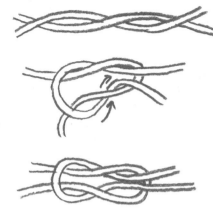

캐릭 벤드 매듭
(CARRICK BEND)

좀 복잡해 보여서 다른 매듭들보다는 덜
알려졌지만, 매우 훌륭한 매듭이다! 두
줄 끝을 연결할 때 사용한다. 필요할 때
쉽게 풀 수 있다는 장점이 있다. 두 줄
끝을 묶을 때는 약간의 여분을 남겨야
한다. 왜냐면 매듭을 조이면 길이가
저절로 조절되기 때문이다.

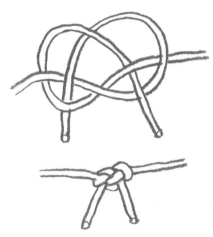

감아 매기 매듭
(CLOVE HITCH)

움직이지 않는 사물을 고정할 때 신속하게 사용할 수 있는 매듭이다. 급하지
않다면 옭매듭이나 두 번 반 묶기 매듭을 사용하는 편이 낫다. 후자도 감아
매기 매듭과 같은 방식이라고 볼 수 있다.

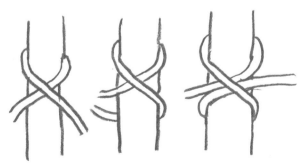

배를 띄우다

우리는 모두 이곳에 도착할 때 입고 있던 구명조끼를
소중하게 간직하고 있었다. 다행이었다! 우리가
언제 어떤 배를 타고 바다로 나갈지 모를 일이었기
때문이다.

뗏목의 최후

막스가 갈대로 만든 뗏목은 고대 이집트의 소형 선박에서 영감을 얻었다. 막스의
몸무게를 견디지 못한 배는 침몰했고, 그는 물속으로 곤두박질했다. 이집트의
갈대 뗏목은 죽음의 신인 오시리스의 배다!

막스는 그 뗏목을 타고
서핑도 했는데 밀려오는
파도에 부딪혀 뗏목은
장렬히 파괴됐다.

나무 받침대는 일종의 완성된
뗏목이다. 하지만 이 받침대가
사람을 태우고 물에 뜨려면
균형을 잘 잡아야 했다. 그래서
물을 채운 통이 여러 개
필요했고, 안정적이지 않다는
점도 문제였다.

결국엔 뒤집어서 띄우는
데 성공했지만, 몸 일부가
물에 잠겼다.

멋진 군함

우리는 멋진 대형 여객선에 견줄 만한 하얀 배를
만들었다. 하지만 거기에 탄 승객들과 마찬가지로 이
배는 앞으로 나아갈수록 표류했고 거의 물에 잠겼다.
우리는 이 배에 '빙산'이라는 이름을 붙였다. 바다가
잔잔할 때 버려진 냉장고로 만든 이 배에는 평균
체중에 성격이 침착한 사람 둘이 타고, 노로 사용하는 나무
막대도 실을 수 있었다.

배의 안정성을
높이려고 우리는
끝에 부표를 단 평행봉을 이용해보았다. 효과는
나쁘지 않았지만, 배를 조작하기가 더 어려워졌다!

배가 뒤집히면 물이 가득 차서 물 위로
끌어올릴 수 없었다. 결국, 뭍까지 밀고 가야
했다. 그래서 도저히 바다로 나아갈 수 없었다.

바닥에 자갈을 채우면 배가 무거워졌고 더 빨리 가라앉았지만,
뒤집히는 일은 줄었다. 배가 침몰하면 잠수해서 자갈을 치워야 했다.
그렇게 하지 않으면 배가 완전히 가라앉았다.

우리는 배로 들어오는
물을 퍼낼 도구를
가지고 배에 올라탔다.

대서양 횡단은 다음 기회에

우리는 구명조끼를 입기는 했어도 해안에서 멀리 벗어나지 않았다.
신속하게 되돌아올 수 있어야 했고, 해변에서 멀어지면 바람과 물살이
거세졌기 때문이다.

우리는 바람이 해안 쪽으로 불 때만 모험을 감행했다. 난바다 방향으로
바람이 불 때는 배를 띄운 적이 없었다.
땅에 있으면 조수의 흐름을 예측하기 어렵다. 무사히 귀환하려면 절대로
밀물을 믿어선 안 된다.

기발한 연주자들

보름달이 떴다. 우리는 웅장한 축제를 벌이고, 달과 모든 별에 가장 아름답고 가장 원시적인 연주회를 바치기로 약속했다. 섬은 야성적인 소리와 기괴한 소음으로 가득 찼다. 우리는 각자 밤을 기다리면서 자기 방식대로 악기를 만들고 조율했다.

요란한 소리를 내기에는 온갖 종류의 통이 가장 적합했다. 특히 그때까지 어디에 써야 할 줄 몰랐던 녹투성이 기름통은 우레 같은 소리를 냈다! 우리는 심지어 밥그릇까지 동원했다.

아무것도 아닌 것처럼 보였지만 톰은 표면이 올록볼록한 가리비 껍데기 두 개를 맞부딪쳐서 견디기 어려울 정도로 시끄러운 소리를 냈다.

팡슈는 전선 피복을 헬리콥터 프로펠러처럼 돌려서 귀신 울음소리를 냈다.

잠수부들이 쓰는 호흡관을 나팔처럼 불었더니 귀신 울음소리 못지않은 해괴하고 비장한 소리가 났다.

모나는 갈대, 관, 작은 빈 병으로 관악기를 만들어 마치 팬플루트(pan flute) 연주자처럼 훌륭한 솜씨를 선보였다. 그 악기에선 날카로운 새소리부터 안개 경계 고동 소리까지 다양한 소리가 났다.

막스는 호스 토막으로 호른을 만들었다. 한쪽 끝에 관악기의 마우스피스처럼 페트병 주둥이를 끼워서 거기에 입을 대고 불었고, 다른 쪽 끝에는 페트병을 관악기의 나팔처럼 잘라 끼워서 소리가 퍼지게 했다.

즉흥 재즈 합주에서 빨래통 베이스는 이미 고전 악기가 됐다. 이 놀라운 악기는 나무 막대 한쪽 끝에 나일론 줄을 묶고, 그걸 엎어놓은 양동이 바닥 구멍을 통과하게 해서 완성했다. 줄을 얼마나 팽팽하게 맸느냐에 따라 소리가 다르게 들렸다.

피리를 만드는 데에는 만년필 잉크 카트리지, 낚시 야광봉, 관 모양으로 생긴 의약품 용기 등이 좋은 재료가 됐고, 소리도 잘 울렸다. 팡슈는 톰에게 관의 끝을 조금 가르는 방법을 가르쳐줬다. 톰은 관의 갈라진 부분에 입술을 대고 입김을 세게 불었다. 갈라진 홈이 막히면 양옆을 약간 벌리거나 조금 더 갈라놓는다. 불어도 관이 떨리지 않으면 틈을 조여야 한다. 너무 갈라졌거나 잘 갈라지지 않았으면 소리가 제대로 나지 않는다.

마리는 빨대 끝을 납작하게 만들어서 뾰족하게 다듬었다. 그리고 그걸 혀나 이가 닿지 않게 입술 사이에 끼웠다. 입술을 오므리고 빨대 관을 통해 입김을 세게 불면 마치 오보에에서 나는 것과 같은 소리가 났다. 빨대에 여러 개 구멍을 뚫고 손가락으로 눌렀다가 떼거나 입김의 세기를 조절하거나 입술의 위치를 바꾸면 음의 높낮이가 달라졌다.

151

달빛 아래 광란의 축제

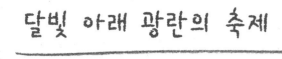

우리는 굵은 나뭇가지들을 쌓아 올려서 커다란 모닥불을
준비했다. 그리고 각자 축제에 어울릴 만한 복장을
열심히 만들었다. 곧 불길이 솟아올랐고, 우리는
시끄러운 소리를 내며 연주하고, 즐겁고 신나게
합창했다. 그렇게 춤추고 노래하면서 그동안
꿈처럼 지낸 우리의 원시생활을 기념했다.

막스와 마리는 재를 물에
타서 만든 물감으로
몸에 해골을 그렸다.

가장 멋지게 분장한 친구는
톰이었다. 게 껍데기와 말린 해초,
그물을 온몸에 휘감았다.

150

머리카락이 긴 이안은 털투성이에 번쩍번쩍한 모습으로 물속에서
나와 멋지게 등장했다. 그는 해초로 가발을 만들어 썼고 다시마로
몸을 감쌌다. 또 안경 대신 구멍을 뚫은 삿갓조개 껍데기 두 개를
나일론 줄로 연결해서 썼다.

원주민 복장으로
등장한 팡슈는
튜바를 흉내 내 만든
악기를 허공으로
향하고 괴상한
소리를 냈다.

숯으로 온몸을
검게 칠하고, 말린
불가사리로 치장한
모나는 마치 밤의
여왕 같았다.

배 한 척이 우리 쪽으로 뱃머리를 돌렸다! 드디어 집으로 돌아갈 시간이 왔다! 가족과 친구들을 다시 만나고, 군침 도는 큼지막한 스테이크와 감자튀김과 생크림 얹은 초콜릿 아이스크림을 마음껏 먹고, 따뜻한 물로 목욕할 수 있게 됐다!

드디어? 벌써? 정말 집으로 돌아가게
된 건가? 이 모든 걸 여기 남겨두고
마치 아무 일도 없었던 것처럼?
그렇게 왔듯이 그렇게 가는 건가?

155

이렇게 돌아가는 건가?

우리는 잠시 망설였지만, 막스가 우리를 이끌었다.
좋아, 집으로 돌아가자. 하지만 예전의 평범한 일상을
되찾고 싶어 돌아가는 건 아니다.

중요한 건 이 무인도가 아니라 우리가 여기서 스스로 만들어간 삶이다. 우리는 각자 그 삶을 가슴에 담고 떠난다! 이 경험은 평생토록 우리 마음속에 살아 있을 것이다.